10대 이슈톡 ❸

메타버스 언박싱

10대를 위한 메타버스 완전 정복

글라이더

10대 이슈톡_03

메타버스 언박싱

초판 1쇄 발행 2022년 1월 25일 **초판 2쇄 발행** 2022년 8월 5일

지은이 이정호
펴낸곳 글라이더 **펴낸이** 박정화
편집 박양숙 **디자인** 김유진 **마케팅** 임호

등록 2012년 3월 28일 (제2012-000066호)
주소 경기도 고양시 덕양구 화중로 130번길 14(아성프라자)
전화 070)4685-5799 **팩스** 0303)0949-5799
전자우편 gliderbooks@hanmail.net **블로그** https://blog.naver.com/gliderbook
ISBN 979-11-7041-095-9 (43560)

글라이더는 독자 여러분의 참신한 아이디어와 원고를 설레는 마음으로 기다리고 있습니다.
gliderbooks@hanmail.net으로 기획의도와 개요를 보내 주세요. 꿈은 이루어집니다.

10대 이슈톡 ❸

메타버스 언박싱

10대를 위한 메타버스 완전 정복

이정호

들어가며

얼마 전까지 시대의 주인공은 문자였고 문자로 기록된 지식과 정보가 세상을 움직여 왔습니다. 하지만 TV가 등장하고 PC와 인터넷이 연결되면서 이미지가 문자의 역할을 대신하기 시작했습니다. 그리고 이제는 이미지에 담긴 이야기와 꿈이 세상을 움직이는 중입니다. 세상의 주인공이 문자였을 때는 제대로 보는 것만으로 지식과 정보를 이해할 수 있었습니다. 하지만 이미지에 담긴 이야기와 꿈은 보고, 듣고, 느끼고, 참여할 때 정확히 이해할 수 있습니다. 다르게 소통하는 시대에는 이전과 다른 소통 공간이 필요합니다. 이를 위한 완벽한 대안이 바로 메타버스입니다.

세상은 지금 메타버스에 완전히 매료되었습니다. 오늘도 수천만 명이 메타버스를 드나들고 있습니다. 시간과 공간을 뛰어넘어 전 세계인이 모여들어 더욱 특별합니다. 메타버스의 영토는 계속해서 넓어지고 있습니다. 한 메타버스 서비스 속 영토는 이미 지구 표면 넓이의 7배에 달합니다. 특정 메타버스의 땅이나 건물은 임대나 매매가 이뤄지는 중입니다. 메타버스를 직장으로 삼는 사람도 늘어나고 있습니다. 그중에 여러분과 비슷한 나이에 큰돈을 벌기 시작한 크리에이터도 있어 더욱 화제입니다. 메타버스는 이제 막 세상에 선을 보인 상태입니다. 하지만 이미 세상을 온통 뒤흔들어 놓을 정도로 그 영향력은 어마어마합니다. 수많은 기업과 전문가, 자본가가 메타버스에 주목하는 것도 이 때문입니다. 메타버스의 미래에는 엄청난 기회가 기다리고 있을 것이 분명합니다.

우리는 메타버스에 주목해야 합니다. 특히 본격적인 메타버스 시대를 살아가야 할 여러분은 반드시 메타버스를 이해하고 준비해야 합니다. 하지만 우리는 아직 메타버스가 무엇인지 잘 알지 못합니다. 이제 막 시작되었고, 아직은 관련 기술이 무르익지 않았기 때문입니다. 그래서 전문가들의 이야기도 조금씩 엇갈리는 상황입니다. 메타버스를 아바타를 사용하는 3D 공간으로 축소해 설명하는 분들도 있고, 온 세상이 메타버스인 것처럼 넓게 바라보는 분들도 있습니다. 여기에 투자를 목적으로 하는 예측과, 미래를 알아 가고자 하는 진단이 뒤섞여 혼란스럽기까지 합니다. 그렇다면 편견에 사로잡혀 기회를 놓치지 않기 위해 우리는 무엇을 해야 할까요?

메타버스는 인간이 기술로 만들어 낸 신대륙입니다. 이미지로 완성된 세계이지만 그 안에서 사회·경제·문화 활동이 활발히 이뤄지고 있는, 전에 없던 삶의 터전입니다. 지금 우리는 인간이 인간에 의해 만들어진 신대륙에 정착하는 역사 이래 없었던 사건을 경험하는 중입니다. 처음 겪는 일이기에 이전의 경험을 정리한 매뉴얼도 없습니다. 오로지 여러분이 부딪혀 경험하면서 만들어 가야 합니다. 이때 나침반이나 지도가 있다면 큰 도움이 될 것입니다. 여러분 눈앞에 펼쳐진 새로운 기회의 땅, 메타버스를 여행하기 위한 가이드북으로 이 책을 준비했습니다.

메타버스를 검색하면 가장 먼저 떠들썩한 뉴스들을 접하게 됩니다. 대체로 시간과 공간을 초월한 만남의 공간이라는 이야기가 많습니다. 다음으로는 메타버스만으로도 경제활동이 가능하다는 점이 눈에 들어옵니다. 이처럼 메타버스로 불리는 서비스, 기술, 용어를 찾아가다 보면, 메타버스가 4가지의 대륙으로 구성되어 있음을 알 수 있습니다. 그리고 현재 메타버스를 대표하는 서비스에는 4가지 특성이 있음을 발견하게 됩니다. 4가지 대륙이 메타버스의 미래를 가리키는 큰 그림이라면 4가지 특성은 메타버스의 현재를 알려 주는 좌표라고 볼 수 있겠습니다.

비대면 시대가 정착되고 있고, 여러분의 뇌는 계속해서 변해 갑니다. 이미지는 현실만큼 중요해졌고, 세상을 바꿀 기술이 메타버스로 집중되고 있습니다. 이전과 다른 시대와 새로운 세대에 맞춤화된 공간으로, 진짜 실감 나는 메타버스가 준비되고 있습니다. 여기서 부인할 수 없는 것은, 기술의 발전이 메타버스 시대를 가능케 했다는 점입니다.

1930년부터 시작된 '또 다른 현실'을 만들어 내기 위한 기업들의 선구적 연구의 결실인 가상현실, 증강현실, 혼합현실, 확장현실 등 매력적인 여러 현실이 착실하게 현실을 대체해 가고 있습니다. 그리고 현실을 초월한 여러 현실, 즉 메타버스를 체험하기 위한 맞춤형 기술들 또한 준비되고 있습니다. 메타버스를 둘러싼 다양한 기술을 알면 알수록, 미래에 대한 기대로 가슴 뛰는 자신을 발견하게 될 것입니다.

학교도 예외일 수 없습니다. 앞으로 여러분은 메타버스 학교를 맞이하게 될 것입니다. 몇십 년간 변함이 없었던 학교조차도 메타버스 시대에는 변화를 받아들일 수밖에 없고, 이는 여러분도 마찬가지입니다. 이전에 없었던 시대가 예고되고 있고, 우리가 알던 세상의 많은 것이 사라질 것이기 때문입니다. 이전과 다른 시대를 살아가기 위해 메타버스를 받아들이고 알아 가야 합니다.

그리고 메타버스 또한 새로운 세대인 여러분을 위해 달라지는 시대의 속내를 자신만의 방식으로 알려 줄 것입니다. 그것이 앞으로 여러분이 공부하게 될 메타버스 학교일 것입니다.

메타버스라는 새로운 대륙을 앞에 두고 무조건적인 희망을 이야기하기는 조금 어렵습니다. 빛이 있다면 그림자가 있듯 메타버스를 둘러싼 수상한 소문도 들려옵니다. 그것은 주로 인간이 만들고 인간이 관리하는 것에서 오는 불완전성에서 비롯된 것입니다. 따라서 라이프로깅 세계를 둘러싼 수상하고 비극적 정황을 살펴보며 더 나은 내일을 위해 어떤 노력을 기울이면 좋을지 또한 생각해 보면 좋겠습니다.

메타버스가 열렸고 많은 서비스와 기술이 세상을 뒤흔들고 있습니다. 그 가운데 활약하는 기업과 사람들을 보고 있으면, 남들보다 앞서 미래를 준비하는 것이 얼마나 중요한지 새삼 깨닫게 됩니다. 부디 이 책이 누구보다 빠르게 남들과는 다르게 미래를 준비하는 황금 같은 기회의 시간을 선물하는 가이드북이 되길 소망합니다.

2022년 1월
이정호

차례

들어가며 • 4

1장 떴다, 메타버스

01 : 대한민국은 지금 메타버스 열풍 • 14

메타버스를 둘러싼 엄청난 사건들 / 생각할수록 놀라운 신대륙 / 메타버스는 돈 되는 놀이터?

02 : 오래된 신대륙, 메타버스의 정체 • 26

메타버스의 4대륙 / 잘나가는 메타버스의 4가지 공통점 / 메타버스는 4차 산업혁명의 중심?

2장 메타버스가 대세일 수밖에 없는 이유

01 : 달라진 세상, 달라진 우리들 · 48

비대면 시대 최고의 아지트, 메타버스 / 스마트폰 홀릭 세대의 달라지는 뇌 구조 / Z세대도 아직 잘 모르는 Z세대 이야기

02 : 현실만큼 중요해진 가상(이미지) · 63

플라톤 할아버지가 말했지, 가상은 쓸모없는 거라고 / 들뢰즈 아저씨가 그랬어, 가상에는 힘이 있다고 / 심리학이 밝혀낸 증거들

03 : 진짜 실감 나는 메타버스가 오고 있다 · 72

천재와 자본이 만나 벌이는 일 / 범용 기술 빅뱅 / 진짜 메타버스의 예고편

3장 실감의 역사

01 : VR, 또 다른 세상의 문이 열렸다 · 86

VR, 너와 내가 꿈꾸던 것이 현실이 되기 직전 / 1990년대의 VR 신드롬 / 갈수록 더 사실적이 되고 있다

02 : AR, 내가 할 수 있는 것이 많아진다 · 99

현실 속 문제를 해결하고, 현실 속 정보를 드러내고 / 포켓몬, 보지만 말고 잡으세요! / 증강현실에 한계가 있을까?

03 : MR·XR, 혼자 하지 말고 실시간으로 하자 · 111

혼자만 경험하기보다는 / 확장현실은 생방송 중

 메타버스를 제대로 즐기기 위한 모든 것

01 : 더 질 좋은 체험을 위한 여정 · 122

개봉 박두! 글래스 전쟁 / 더 가볍고 성능 좋은 뚝배기를 찾아서

02 : 상호작용을 위한 신기한 아이템들 · 135

머리 움직임부터 눈동자, 표정, 몸짓, 생각까지 / 메타버스를 잡고 던지고
이동해 보자

03 : 동시에 다 함께 메타버스를 즐기는 마법 · 147

부담스러운 메타버스, 하지만 5G가 출동한다면? / '구름' 속에 넣어 두고 꺼
내 보는 메타버스

5장 **메타버스 학교로 등교하라!**

01 : 요즘 학교 해부도 • 160

수업이 주사냐, 주입하게? / 패놉티콘에 갇힌 디지털 네이티브 / 메타버스가 학교에 '딱'인 이유

02 : 메타버스는 양날의 검? • 171

라이프로깅 세계가 수상하다 / 미국 청소년이 망가지고 있다? / 누구도 책임지지 않는 세계?

03 : 학교야, 메타버스로 미래를 준비하자! • 181

직업 세계를 둘러싼 충격적 보고 / 메타버스로 미래 사회 구독해 보기 / 어차피 가야 할 미래, 여러분의 선택은?

참고 자료 • 195

참고 문헌 • 204

— 1장 —

떴다, 메타버스

1

대한민국은 지금
메타버스 열풍

메타버스를 둘러싼 엄청난 사건들

가상공간에 미국 출신 힙합 가수, 트래비스 스콧(Travis Scott)이 모습을 드러냅니다. 거대한 가상의 몸이 무중력을 누비듯 자유롭게 공간을 이동하며 멋진 음악을 선보입니다. '포트나이트'라는 메타버스(Metaverse)에서 열린 이번 트래비스 스콧의 공연에는 무려 2,770만 명이 몰려들었습니다. 세계적 아이돌 그룹이 된 우리나라의 걸 그룹 블랙핑크는 네이버의 메타버스 플랫폼 '제페토'에서 팬 사인회를 열었습니다. 3D 아바타로 변신한 블랙핑크의 행사는 무려 4,600만 명이 함께 했습니다. 언어, 문화는 물론 피부색과 생김새 등이 모두 다른 이들이 자신만의 아바타에 심취해 함께 즐기는 모습은 실로 놀라운 광경이 아닐 수 없습니다.

세상 어디에도 2,700만 명을 수용할 수 있는 공연장은 없습니다. 아무리 인기가 많아도 보름 동안 4,600만 명의 팬을 한 공간에 불러들이는 것은 불가능합니다. 지금까지 이런 일이 있었을까요? 비슷한 예를 보면 가수 싸이의 '강남스타일'을 생각해 볼수 있겠습니다. '강남스타일' 뮤직비디오는 전 세계적으로 수십억 명을 불러 모았습니다. 2021년 현재 누적 조회 수는 무려 44억 8,600만 회입니다. 숫자만 놓고 본다면 그때가 더 대단한 사건일지도 모르겠습니다.

하지만 유튜브(YouTube) 속 '강남스타일' 신드롬과 지금의 메타버스 속 사건은 큰 차이점이 있습니다. 싸이의 '강남스타일'을 클릭한 사람들은 뮤직비디오를 '본' 것에 불과합니다. 반면 메타버스를 찾은 사람들은 가수는 물론 다른 팬들과 '만남'을 가진 것입니다. 만남은 보는 것보다 훨씬 더 깊이 있는 경험입니다. 그런 의미에서 지금 메타버스에서 벌어지고 있는 사건은 이전까지와는 전혀 다른 차원의 사건이라고 볼 수 있습니다.

메타버스(Metaverse)는 '가상', '초월' 등을 뜻하는 '메타(Meta)'와 우주를 뜻하는 '유니버스(Universe)'의 합성어로, 현실 세계와 같은 사회·경제·문화 활동이 이뤄지는 3차원의 가상 세계를 가리키는 말입니다. 그리고 이 메타버스를 통한 사건은 현재 진행

전 세계를 강타 중인 메타버스 서비스 '로블록스'

형입니다. 앞서 트래비스 스콧이 등장한 메타버스 '포트나이트'
에는 현재 3억 5,000만 명의 회원들이 활동하고 있습니다. '로블
록스'는 달마다 2억 6,000만 명의 이용자가 모여들고 있으며 하
루 평균 4,800만 명이 접속합니다.

또 다른 메타버스 '마인크래프트'는 월간 이용자 수가 1억
4,000만 명에 달합니다. 무려 2억 장이 넘는 게임 판매고를 올리
고 있어, 세계에서 가장 많이 팔린 비디오게임으로도 손꼽힙니
다. 앞서 블랙핑크의 행사가 열린 '제페토'의 이용자는 현재 3억
명가량입니다. 대한민국에서 만든 서비스임에도 해외 이용자가

전체 이용자의 90%를 차지하고 있어 더 놀랍습니다.

기업의 투자가 줄을 잇고 있으며 연예 기획사, 명품 브랜드, 스포츠 클럽, 관공서와 학교 등도 메타버스를 선점하기 위해 발 빠른 움직임을 보이고 있습니다. 오늘 하루에만도 몇천 만, 아니 몇억 명이 메타버스를 드나들고 있습니다. 기존 메타버스의 이용자는 꾸준히 늘고 있고 새로운 메타버스들이 준비된다는 소식이 심심찮게 들려오고 있습니다. 이제 누구도 메타버스가 반짝했다가 사라질 유행이라고 말할 수는 없을 것 같습니다.

토론거리_1

여러분도 메타버스에 주목해야 한다고 생각하나요? 각자 자신의 의견을 정리한 다음 친구들과 함께 토론해 보세요.

생각할수록 놀라운 신대륙

인터넷과 디바이스만 있으면 원하는 때, 어느 곳에서든 메타버스에 접속해 만남을 가질 수 있습니다. 그래서 메타버스는 국적도 다르고, 문화도 다르며, 생각하는 것도 제각각인 사람들로 항시 북적입니다. 이처럼 시공간을 초월해 한 공간에서 여러 나라 사람들이 수시로 모임을 가지는 것은, 몇십 년 전까지만 하더라도 상상하기 힘든 일이었습니다. 심지어 2,000년 전에는 이런 것은 신의 능력으로만 가능한 일이라 생각했습니다.

기독교의 경전《성경》에는 '마가'라는 사람의 다락방에서 벌어진 사건이 기록되어 있습니다. 신을 향해 기도를 올리던 120명의 사람이 갑자기 각기 다른 언어로 모임을 갖기 시작합니다. 신의 능력으로 현실을 초월한 만남이 이뤄진 것입니다. 2,000년이 지난 지금 우리는 시공간을 초월해 전 세계 수억 명의 사람과 매일 새로운 만남을 가질 수 있습니다. 신의 능력으로만 허용되었던 일이 메타버스를 통해 가능해진 것입니다.

이제 사람들은 메타버스를 통해 무한대의 자유를 누리게 되었습니다. 마치 콜럼버스(Christopher Columbus)가 신대륙을 발견했을 때처럼 호기심과 기대감으로 세상이 들끓고 있습니다. 지금껏 인류는 수많은 신대륙을 발견해 왔습니다. 마치 그것이 인간의 본성인 양 신대륙을 향한 발걸음을 멈추지 않고 있습니다. 심지어 달에도 발자국을 남겼습니다.

이처럼 사람은 계속해서 새로운 '공간'을 찾아냅니다. 그리고 그곳을 자신의 터전으로 만듭니다. 그 과정은 이렇습니다. 신대륙에 도달한 사람들은 먼저 매뉴얼을 정리합니다. 어떻게 도달했고 어떤 특성이 있는지 기록하는 것이죠. 그다음 그것을 토대로 신대륙을 정복해 나갑니다. 하지만 이번에 새롭게 발견한 신대륙, 메타버스는 지금까지 발견한 신대륙과는 완전히 성격이 다릅니다. 기존의 신대륙은 오래전부터 그곳에 있어 왔던 것이지만 메타버스는 인간이 직접 기술로 만들어 낸 것입니다. 전에도 없었고 앞으로도 어떻게 될지 알 수 없는 신대륙입니다.

지금껏 인간이 인간에 의해 만들어진 신대륙에 발을 내디딘 일이 있었을까요? 사상 초유의 일이기에 매뉴얼이 없습니다. 기술의 발전 속도를 감안하면 앞으로도 완벽한 매뉴얼은 만들어질 수 없을 것 같습니다. 왜냐하면 지속적으로 발전하는 기술이 메타버스에 적용되어 끊임없이 그 모습과 특성이 달라질 것이기 때문입니다.

이제껏 없었던 인간이 만든 신대륙 메타버스 속에는 긍정적인 점도 불안한 점도 있을 것입니다. 먼저 긍정적인 점을 예상하자면 사람이 만들어 낸 공간이기에 사람에게 딱 맞는 즐거움과 유용함이 설계되어 있을 것입니다. 하지만 사람이 갖는 불완전성 또한 어딘가에 숨어 있을 수 있습니다. 즉 거대한 기회와 예상치 못한 위협이 공존하는 세계가 메타버스인 것입니다.

메타버스는 이미지로 구성된 가상의 세계입니다. 겨우 이미지에 불과한데 지나치게 의미를 부여하는 것 아니냐고 생각할 수도 있습니다. 그러나 우리는 종종 가상 세계가 현실 세계에 강력한 영향력을 발휘하는 것을 확인하곤 합니다. 넷플릭스(Netflix)를 통해 스트리밍 서비스 중인 드라마 〈오징어 게임〉이 좋은 예입니다. 처음 이 드라마가 넷플릭스에 등장했을 때, 우리나라에서는 좋아하는 사람도 많았지만 좋아하지 않는 사람도 적지 않았습니다. 그런데 해외에서 대박이 났습니다. 전 세계 80여 개국에서 1위를 차지한 것입니다. 선풍적 인기에 힘입어 드라마에 등장한 한국 배우들은 물론 체육복, 게임까지 덩달아 세계인의 관심을 받고 있습니다.

출연자 중 한 명인 김주령 배우의 인스타그램(Instagram) 팔로워 수는 400명에서 211만 명으로 늘었고, 여주인공인 정호연 배우의 팔로워는 2,300만 명을 훌쩍 넘겼습니다. 〈오징어 게임〉 속 참가자들의 체육복도 화제입니다. 미국의 한 시사 프로그램 진행자가 빈부 격차와 관련한 뉴스를 전하며 이 체육복을 입기도 했습니다. 또 드라마에서 이정재 배우가 열심히 핥았던 달고나는 G마켓에서 매출이 610%나 늘었고, 미국 버지니아주의 한 빵집에서는 달고나를 '한국 스타일 설탕 캔디'라는 이름으로 5달러(약 6,000원)에 출시했습니다. 미국의 거리와 학교에서 "무궁화 꽃이 피었습니다"라는 한국어에 맞춰 가다 서다를 반복하는 시민들의 모습이 영상으로 소개되기도 했습니다. 싱가포르의 지하철에서는 딱지치기에 열을 올리는 사람들이 포착되었고요.

세상에 선을 보인 지 불과 몇 달도 안 된 드라마가 세상을 송두리째 바꿔 버린 듯합니다. 그러니 이제는 이미지에 '불과하다'는 표현을 사용해서는 안 될 것 같습니다. 우리도 모르는 사이에 현실 세계는 가상 세계의 영향력 아래 놓인 지 오래입니다.

메타버스는 돈 되는 놀이더?

무수히 많은 사람이 메타버스에 주목하고 있습니다. 그저 '인기가 많다' 정도가 아니라 진짜 대세 중의 대세로 떠올랐습니다. 그런 만큼 이제 조금 더 솔직한 이야기를 나눌 타이밍인 것 같습니다. 메타버스가 진짜 대세로 통하는 이유는, 다름 아닌 돈이 되기 때문입니다.

앞서 힙합 가수 트래비스 스콧이 메타버스에서 공연한 것을 살펴보았습니다. 이날 공연으로 그가 벌어들인 수입은 자그마치 한화로 220억 원입니다. 이는 오프라인 공연의 무려 10배에 달하는 금액입니다. K-POP(케이팝)의 대명사 BTS 또한 AR과 XR 등 메타버스를 구현하는 첨단 기술이 총동원된 온라인 콘서트를 이틀간 개최했는데요. 전 세계 191개 지역의 99만 3,000명이 BTS의 공연을 관람했습니다. 매출액은 자그마치 500억 원입니다.

메타버스의 위력을 확인한 엔터 기업들이 앞다투어 투자를 이어 가고 있습니다. BTS의 소속사인 빅히트 엔터테인먼트는 '위

버스(Weverse)'라는 메타버스를 출시하고 네이버의 '브이라이브
(V LIVE)'를 인수해 몸집을 키우는 중입니다. 게임 기업 엔씨소프
트는 K-POP 엔터테인먼트 플랫폼 '유니버스(UNIVERSE)'를 선보
였습니다. SM엔터테인먼트도 '리슨(Lysn)'이라는 메타버스 플랫
폼을 출시했습니다. 이처럼 메타버스는 엔터 기업 사이에서 황금
알을 낳는 거위로 떠오르고 있습니다.

한편 메타버스에서 콘텐츠를 개발하고 그것을 판매해 수익을
벌어들이는 것 또한 하나의 사업 영역으로 자리매김한 지 오래
입니다. 로블록스에서는 가상 화폐 '로벅스(Robux)'를 통한 경제
활동이 활발히 이뤄지고 있습니다. 이미 800만 명에 달하는 크리
에이터가 게임을 만들어 내고 있으며, 그중 127만 명이 로블록
스 게임 개발을 자신의 직업으로 삼고 있습니다. 또한 이들이 출
시한 게임이 벌써 5,500만 개를 넘어섰고, 그로 인해 벌어들이는
수익은 2021년 2분기 기준으로 1억 2,970만 달러(약 1,517억 원)에
달합니다. 개발자들의 수익을 조금 더 자세히 살펴보면, 2021년
6월 기준으로 11억 원의 수익을 올린 사람이 3명, 1억 원 이상은
249명, 그리고 1,200만 원 이상은 1,057명입니다. 이렇듯 메타버
스는 억대 수익을 기대할 수 있는 기회의 공간입니다.

네이버의 제페토에서는 6만 명 이상의 크리에이터가 아바타
관련 아이템을 제작·판매하고 있습니다. 서비스가 출시된 지 한

높은 수익을 기록 중인 메타버스 속 공연

달 만에 8억 원을 넘어설 정도로 활발한 경제활동이 이뤄지고 있죠. '렌지'라는 제페토 크리에이터는 아바타 의상 제작만으로 월 1,500만 원의 수익을 올리기도 했습니다. 더 나아가 제페토 내 디자이너를 위한 매니지먼트 회사를 설립하고 디자이너 교육이나 협업을 진행 중이라고 합니다.

　그런데 메타버스를 통해 수익을 내는 이들 중에 MZ세대가 눈에 많이 띕니다. 로블록스의 '배드 비즈니스(Bad business)'라는 게임을 개발한 개발자는 이제 갓 20세가 된 이든 가브론스키(Ethan Gawronski)입니다. 그가 벌어들인 돈은 한 달에 4만 9,000달러, 한

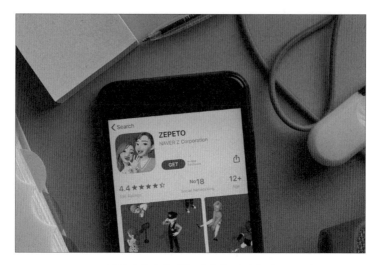

네이버에서 출시한 메타버스 '제페토'

화로 5,500만 원입니다. '제일브레이크(Jailbreak)'라는 로블록스의 인기 게임은 2017년 당시 18세의 알렉스 발판츠(Alex balfanz)가 개발한 것입니다. 수익 규모도 어마어마한데요. 한 달에 최고 25만 달러, 한화로 약 2억 9,000만 원을 벌어들였습니다. 이처럼 10대들이 시대 변화에 올라타 창의력을 발휘하여 메타버스를 통해 큰 부를 쌓고 있습니다.

메타버스에서는 부동산 투자도 가능합니다. '디센트럴랜드(Decentraland)'는 가상공간 속 토지를 구매하고 자신의 건물을 세워 임대할 수 있는 메타버스입니다. 최근 이곳에서 가장 비싸게 판

부동산 투자를 할 수 있는 가상공간 '디센트럴랜드'

매된 토지의 가치는 무려 6억 4,000만 원이라고 합니다.

　이쯤에서 우리는 앞으로 메타버스에만 집중해도 먹고사는 데 전혀 지장이 없을 것이라는 믿음을 가져도 좋을 것 같습니다. 하지만 저는 여러분이 그 정도 기대에 머무르지 않았으면 좋겠습니다. '메타버스를 통해 세계 최고의 자리를 노리겠다'라는 큰 꿈을 갖는 것도 충분히 가능하다고 생각합니다. 왜냐하면 메타버스는 이제 막 알아 가기 시작한 따끈따끈한 신대륙이기 때문입니다. 앞으로 이곳에서 지금으로선 상상조차 할 수 없는 놀라운 일이 얼마든지 벌어질 수 있는 것입니다.

2
오래된 신대륙,
메타버스의 정체

　1992년 한 편의 소설이 발표됐습니다. 이 소설은 미래 세계에 대한 상상력을 그럴듯하게 펼쳐 내고 있는데요. 매우 설득력 있는 내용을 담고 있어 영화 〈매트릭스〉, 인터넷 기반의 가상 세계 '세컨드라이프(Second Life)', 구글(Google) 등 여러 서비스와 기업에 많은 영향을 끼쳤습니다. 소설 속에서 사람들은 고글을 쓰고 '아바타'라는 가상의 신체를 활용해 가상 세계로 들어갑니다. 소설의 주인공은 현실 세계에서는 피자를 배달하며 생활하지만, 가상 세계에서는 검객이자 해커로 활약하죠. 그리고 가상 세계 속 신종 마약 '스노 크래시'의 확산을 막기 위해 그 배후의 실체를 찾아 나섭니다. 소설 속 가상 세계의 이름은 '메타버스'입니다. 마치 오늘날 벌어지고 있는 상황을 미리 예견한 것 같은 이 소설은, 미국의 베스트셀러 작가 닐 스티븐슨(Neal Stephenson)이 펴낸 장편소설 《스노 크래시》입니다.

소설이 보여 준 놀라운 선견지명에 감탄해도 좋겠습니다. 한편 당시로선 먼 미래로 보였던 소설 속 이야기가 불과 30년 만에 현실이 되었다는 것에 주목해도 좋을 것 같습니다. 이렇게 빨리 미래가 우리 곁으로 다가올 수 있었던 이유는 무엇일까요? 20세기에 접어들어 많은 기술이 매우 빠르게 발전하고 있습니다. 그리고 새롭게 등장한 기술들이 융합되면서 이전에 없던 제품, 콘텐츠, 서비스가 쏟아지고 있습니다. 그렇게 탄생한 신문물이 또다시 서로 연결되는 가운데 우리에게 새로운 삶의 터전이 될 신대륙, 메타버스를 만나게 해 준 것입니다.

아직은 '메타버스는 이것이다'라고 결론지을 수는 없습니다. 흐릿하게 드러낸 모습을 놓고 '이렇지 않을까'라고 이야기하는 정도가 가능한 시점일 수 있습니다. 기술이 완성되지 않아 메타버스 또한 발전하는 과정에 있기에 지금부터 나눌 이야기는 정답이 아닐 수도 있습니다. 그럼에도 메타버스에 대해 '지금' 이야기를 나누는 것은 꼭 필요해 보입니다. 왜냐고요? 새로운 삶의 터전이 될 메타버스를 완성하는 것은 다음 시대의 주인공이 될 여러분의 몫이기 때문입니다.

메타버스의 4대륙

가족과 친구, 땅과 먹을 것이 있으면 행복했던 시절이 있었지만 지금은 많이 달라졌습니다. 이제 사람들은 틈만 나면 모두 스마트폰에 집중하고 있습니다. 디지털로 된 다른 세계 속으로 넘어가 현실과는 다른 세계를 누비며 생활하고 있는 것이죠.

요즘엔 자신의 경험을 라이프로깅(Life-Logging)한 흔적에 접속해 맛집을 찾아내고 음식을 주문해 먹습니다. 3차원 맵은 끊임없이 업데이트되고 있습니다. 이제 스마트폰 하나면 가지 못할 곳이 없습니다. 맵 위로 화살표가 뜨고 남은 거리가 표시되는 등 증강현실을 통해 훨씬 더 편리한 이동까지도 가능합니다. 여행을 떠날 때 더 이상 호텔이나 콘도는 필수가 아닙니다. 세계 구석구석 방문객을 기다리는 공간을 한눈에 확인할 수 있는 서비스가 절찬리에 운영 중입니다. 이처럼 우리는 원하기만 하면 언제든 현실 세계를 감싸고 있는 수많은 가상 세계에 접속하며 살아가고 있는 중입니다.

불과 몇십 년 전만 하더라도 눈에 보이고 실체가 있는 현실 세계가 세상의 전부였습니다. 하지만 이제는 현실 세계 위로 수많은 가상 세계가 맞물려 이전의 세상을 아득히 '초월한 세상'이 되어 버렸습니다. '메타버스'가 열린 것이죠. 이처럼 새로운 삶의 터전이 되어 주고 있는 메타버스에는 어떤 종류가 있을까요? 많은

관심으로 연결된 제국, 라이프로깅 세계

전문가는 메타버스를 구성하는 여러 세상을 크게 4가지로 구분하고 있습니다. 라이프로깅 세계, 증강현실 세계, 거울 세계, 가상현실 세계가 그것입니다.

라이프로깅 세계는 사람들이 자신의 삶을 저장하고 기록하고 공유하는 세계를 말합니다. 라이프로깅 세계를 대표하는 서비스는 '페이스북(Facebook)'인데요. 20억 명에 가까운 사람이 북적이는 거대한 세계입니다. 또 다른 라이프로깅 세계로는 '틱톡(TikTok)'이 있습니다. 짧은 세로형 영상을 올리는 것으로 수십, 수백만 명의 마음을 움직이는 스타를 여럿 배출하고 있죠. 그 외에 주로 사진을 올리는 인스타그램이나 5~10분짜리 영상을 공유하는 유튜브도 대표적인 라이프로깅 세계라고 볼 수 있습니다.

이 세계의 놀라운 점은 전 세계 수십억 명의 사람에게 간단하게 자신을 알릴 수 있다는 것입니다. 내가 '셀카'를 찍어 올리거나 동영상 한 편을 제작해 올리는 순간, 디지털 세계 위로 알람이 울립니다. 그리고 그 알람에 반응한 수많은 사람의 클릭이 이어집니다. 많게는 수억 명의 클릭도 가능한데요. 지금까지 그 어떤 서비스도 이 정도의 넓은 관심을 이처럼 손쉽게 모아 주지는 못했습니다. 라이프로깅 세계는 평범한 개인을 디지털 세계 속 주인공으로 만들어 주는 마법의 공간인 것입니다.

증강현실 세계는 우리 눈에 보이는 현실 위로 3차원 이미지를 덧대어 보여 주는 세계입니다. 얼핏 단순해 보이지만, 전 세계 모든 기업이 주목하는 메타버스입니다. 왜냐하면 현실 위로 가상의 이미지를 덧붙이는 것만으로 우리 세계를 더 풍요롭게 해 주기 때문인데요. 여러 예를 통해 그 파괴력을 살펴볼까요? 일본의 유명 애니메이션 〈포켓몬〉 속 몬스터를 증강현실 기술로 현실에 풀어놓자, 전 세계가 몬스터 사냥터로 변해 버렸습니다. 증강현실이 상상을 현실로 만들어 준 것입니다. 이케아(IKEA)에서는 디지털로 구현된 가구를 현실 속에 배치해 볼 수 있는 증강현실을 개발했습니다. 가구를 구입했을 당시의 미래를 앞당겨 경험하게 해 준 것이죠. 아마존과 같이 많은 물건을 취급하는 회사에서 증강현실은 정말 유용합니다. 박스를 열지 않고도 가상의 이미지를

증강현실은 현실을 더 편리하게 만들어 주는 치트키!

통해 내용물을 확인해 볼 수 있도록 해 주기 때문이죠. 즉 증강현실을 통해 분주하고 정신없는 작업을 손쉽게 정돈해 주는 마법이 가능해진 것입니다.

생산 공정이나 수리 과정에 증강현실을 도입해 훨씬 더 효율적으로 일할 수 있는 환경을 만드는 기업이나 공장도 늘어나고 있습니다. 군사작전을 수행하는 군인들에게 증강현실로 정보를 실시간으로 제공해 '아이언맨' 뺨치는 능력을 발휘하도록 도와주기도 합니다. 이처럼 증강현실은 지금 이 시간에도 더 신나고, 더 편리하고, 더 효과적인 세상을 만들기 위해 대활약 중입니다.

거울 세계는 세상 구석구석을 디지털 정보로 변환해 우리에게 필요한 정보를 제공해 주는 세계입니다. 가장 대표적인 것이 구글의 '스트리트뷰(Street View)'입니다. 이 서비스가 준비되던 당시

직접 발로 뛰며 정성 들여 만든 메타버스, 거울 세계

구글 직원들은 자동차에 카메라를 달고 도로를 달렸습니다. 자동차가 가지 못하는 곳은 직접 카메라를 메고 두 발로 누볐습니다. 당시 스트리트뷰를 준비한 직원들은 이런 마음가짐으로 임했다고 합니다. "우리가 사는 전체 세상을 보행자의 시선에서 기록해 언제 어디서든 누구나 사용할 수 있는 서비스를 완성하자!"

구글의 꿈은 이미 완성되었습니다. 우리는 이제 앉은 자리에서 세계 어느 곳이든 가 볼 수 있습니다. 그리고 거기서부터 모든 것이 시작되었습니다. 그 지도 위에서 사람들은 집을 구하고, 여행을 가고, 택시를 잡고, 중고 거래를 하고, 아르바이트를 구하고, 선생님을 모시고, 배달을 하는 등 무수히 많은 일을 하고 있습니다. 그야말로 또 하나의 디지털 세계를 살아가고 있는 것이죠. 여기서 끝이 아닙니다. 거울 세계는 현실 세계를 쏙 빼닮은 디지털 쌍둥이가 될 작정인 듯한데요. 현재 전 세계 구석구석을 3차원 데이터로 뽑아 완벽한 또 하나의 지구를 만드는 작업이 진행 중에 있습니다. 이렇게 3차원의 거울 세계가 완성되면 그 안에 삶의 터전을 꾸리고 생활하는 사람들이 생겨날지도 모르겠습니다.

메타버스의 4번째 대륙, 가상현실 세계입니다. 현실과 완전히 차단된 환경에서 또 다른 현실을 만나는 세계라고 하겠습니다. HMD(Head Mounted Display)라는 가상현실 체험 기기를 뒤집어쓰고 눈앞에 펼쳐진 가상의 세계를 둘러보게 되는데요. 이 가상현실 속에서 또 다른 체험자들과 만나 함께 시간을 보내는 것 또한 가능합니다. 이 세계가 중요한 진짜 이유는 사람이 가상 세계 속에서 또 다른 삶을 살아갈 수 있다는 점입니다. 영화 〈아바타〉의 주인공을 생각해 보면 좋겠습니다. 퇴역한 해병대원 제이크 설리는 장애를 안고 살아가는 중입니다. 그런데 판도라라는 환상의 세계에서는 기술의 힘을 빌려 거대한 용을 타고 부족을 지휘하는 영웅이 됩니다. 이처럼 현실을 초월한 삶을 살 수 있는 곳이 바로 가상현실 세계입니다. 메타버스의 4가지 대륙 중 메타버스의 가치를 가장 잘 펼쳐 내는 세계인 것입니다.

잘나가는 메타버스의 4가지 공통점

여러분은 '피겨 여왕 김연아' 하면 어떤 단어가 떠오르나요? 혹시 트리플 악셀? 그런데 그거 아세요? 김연아 선수는 사실 선수 시절에 트리플 악셀을 한 적이 없습니다. 당시 김연아 선수의 라이벌이었던 아사다 마오(あさだまお) 선수의 대표 기술이 바로 트리플 악셀이었습니다. 그렇습니다. 흐릿하게 아는 것은 자칫 오류에 빠질 위험이 있습니다. 그 때문에 흐릿한 이야기가 아닌 지금 현재 버전의 생생한 지식이 필요합니다. 메타버스도 마찬가지입니다.

앞서 메타버스의 4대륙을 살펴봤습니다. 그런데 사실 4가지 대륙에 대한 설명은 메타버스가 무엇인가에 대한 정답이라기보다는 이렇게까지 넓어질 수 있다는 '큰 그림'에 더 가깝습니다. 그래서 지금 메타버스라는 이름으로 출시되는 서비스와 4대륙에 대한 설명을 비교하면 현재 버전의 메타버스는 아직 준비가 덜 된 듯한 느낌을 받을 수 밖에 없습니다. 그렇다면 지금 우리가 해야할 일은 무엇일까요? 이 시점에서 중요한 것은 지금 메타버스가 어느 위치에 도달해 있느냐를 또렷하게 확인하는 것입니다. 그것을 통해 메타버스는 어디쯤 왔고 어디로 가고 있는지를 알아보는 것입니다. 그럴 때 메타버스가 무엇인가를 더 입체적으로 이해할 수 있을 것입니다.

지구보다 넓은 열린 세계 '마인크래프트'

현재 가장 대표적인 메타버스 서비스로 손꼽히는 것은 제페토와 로블록스, 마인크래프트입니다. 이 서비스에는 오픈월드, 샌드박스, 창작자 경제, 아바타라는 4가지 공통점이 있습니다. 이에 대해 알아봄으로써 현재 단계에서 메타버스가 무엇인지, 그리고 어디까지 와 있는지에 대한 구체적인 내용을 확인해 보도록 하겠습니다.

메타버스는 정해진 스토리대로 흘러가지 않습니다. 사용자가 자유롭게 탐험하고 또 자유롭게 바꿔 갈 수 있는 시스템을 추구합니다. 서사를 갖춘 게임과 메타버스의 차이점이 바로 이것입니

마음껏 놀아 보자, 샌드박스

다. 그리고 이것이 바로 메타버스의 첫 번째 공통점, '오픈월드'입니다. 현재 오픈월드는 지구의 넓이를 넘어설 정도로 광대해져 있습니다. 현재 마인크래프트 속 월드는 지구 표면의 넓이보다 7배 더 넓습니다. 여러 메타버스 서비스 중 하나가 이 정도인 상황인데요. 다른 메타버스 서비스까지 감안한다면 조만간 메타버스의 오픈월드는 또 하나의 태양계, 더 나아가 또 다른 우주가 될지도 모릅니다.

메타버스의 두 번째 공통점은 '샌드박스'입니다. 샌드박스는 어린이들이 자유롭게 놀이를 하는 모래 놀이통을 가리킵니다. 게임에서도 이 샌드박스라는 용어를 사용하는데요. 그 뜻은 '자유롭게 돌아다니면서 원하는 것을 만들거나 탐색하고, 즐길 수 있는 자유도가 높은 게임'을 일컫습니다. 사용자에게 새로운 것을 창작하고 누릴 수 있는 능력을 부여하는 것이 메타버스의 두 번째 공통점인 것이죠.

앞서 로블록스의 게임 창작자와 제페토의 디자이너에 관해 살펴보았습니다. 로블록스에는 '로블록스 스튜디오'가 있어 자신만의 게임을 만들 수 있습니다. 제페토에는 다양한 공간을 직접 만들 수 있는 '빌드 잇' 기능과 아바타가 입는 옷을 디자인하고 판매할 수 있도록 돕는 '크리에이터' 기능이 있습니다. 이러한 기능을 통해 메타버스에 접속한 사람들은 새로운 세계 속에서 창작자가 되어 활발한 활동을 벌일 수 있습니다.

자유롭게 공간을 누비는 것은 메타버스만의 특성은 아닙니다. 오픈월드를 표방하는 게임도 이미 존재하니까요. 하지만 사용자에게 또 다른 사용자들이 활용할 수 있는 공간과 아이템을 제작할 수 있는 권한을 부여하는 것은 메타버스 이외의 서비스에서는 찾아보기 어렵습니다. 샌드박스는 메타버스를 다른 서비스와 구별해 주는 매우 중요한 특징인 것입니다. 한편 메타버스에서는 여러분과 같은 10대도 창작자로 활동하고 있습니다. 전문적 프로그래머가 아니더라도 창작자로 활동할 수 있을 만큼 사용 방법 또한 그리 어렵지 않기 때문인데요. 이 점 또한 메타버스만이 갖는 매우 큰 특징이라 할 수 있습니다.

다음으로 세 번째 공통점은 '창작자 경제'입니다. 이것이야말로 메타버스를 진짜 대세로 만든 핵심적 요인이라 할 수 있습니다. 메타버스의 창작자 경제를 간략히 설명하면 다음과 같습니다. 메타버스를 서비스하는 운영 기관은 창작자에게 활동할 수 있는 공간을 제공합니다. 그리고 콘텐츠를 생산할 수 있는 프로그램 또한 제공하지요. 그리고 생산한 콘텐츠를 활동 공간 안에서 자유롭게 유통할 수 있는 거래 시스템까지 제공하는 것입니다. 이러한 시스템을 활용해 창작자는 자신이 만든 콘텐츠를 다른 사용자에게 제공하게 되는데요. 이때 발생하는 수익을 메타버스 운영 기관이 창작자에게 일정 비율로 나누는 것입니다. 한편 콘텐츠 거래 시 각 메타버스 서비스만의 화폐를 사용하게 되는데요. 이 가상 화폐는 실제 현금으로 환전이 가능합니다. 메타버스가 어떻게 '돈 되는 놀이터'가 될 수 있는지 이제 확실히 아셨죠?

앞서 살펴봤듯이 로블록스나 제페토의 창작자 경제는 이미 어마어마한 규모로 성장해 있습니다. 그리고 매우 다양한 형태로 발전해 가고 있으며 벌써부터 메타버스를 직장으로 삼는 창작자도 등장했습니다. 또한 큰 규모의 부동산 거래나 미술품 경매도 일어나고 있습니다. 이처럼 매우 큰 규모로 다양하게 창작자 경제가 발전하는 현상은 메타버스가 발전할수록 더욱 확산될 것이 분명합니다. 그렇기 때문에 앞으로 풍요로운 미래를 만들어 가고 싶은 분들은 지금 메타버스에 주목하는 것도 매우 훌륭한 선택이 될 수 있을 것입니다.

마지막으로 네 번째, 잘나가는 메타버스 서비스의 공통점은 바로 '아바타'입니다. 아바타는 메타버스 세계에서 나를 대신하는 또 다른 나입니다. 아바타는 그 외형도 매우 다채롭습니다. 로블록스처럼 극단적으로 단순화된 아바타도 있고, 제페토의 아바타처럼 인형을 보는 듯한 형태도 있습니다. 또한 세컨드 라이프라는 메타버스에서 선보인 아바타처럼 사람과 흡사한 모습의 아바타도 있습니다. 아바타는 또한 나날이 진화하는 중입니다. 인공지능(AI)을 통해 사람의 얼굴 표정과 제스처를 학습하고 있는 중인데요. 앞으로 사용자의 말과 행동, 입모양은 물론 감정까지도 완벽히 대변할 수 있는 아바타가 곧 등장할 것으로 예상됩니다. 최근 마이크로소프트(MS)가 발표한 '팀즈용 메시(Mesh for Teams)'의 아바타를 보면, 문장만 입력하면 알아서 말하고 표정과 제스처를 취하기까지 합니다. 이처럼 메타버스의 아바타는 우리를 대변하는 또 다른 우리가 될 준비를 거의 끝마친 것으로 보입니다.

아바타와 관련된 기술이 발전하는 것을 보면 이런 미래도 가능할 것이라 생각됩니다. 아바타끼리 서로 사랑에 빠지는 것이

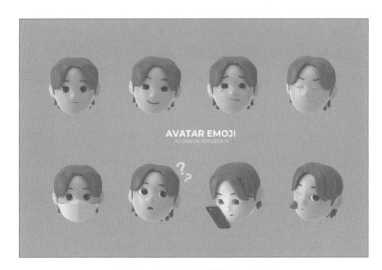

메타버스에서 나를 대신하는 아바타

죠. 성별을 넘은 결혼이 이슈가 되듯, 디지털 이미지들 간의 사랑
이 본격화하는 날도 머지않아 찾아올지 모릅니다. 한편 현실 속
의 나보다 특정 메타버스 속 나의 아바타가 더 나답다고 느낄 날
도 올 것 같습니다. 내 마음에 드는 메타버스 속 아바타가 '본캐(
본래 캐릭터)'가 되고, 현실 속의 나는 '부캐(부캐릭터)'가 되는 것이
죠. 그때가 되면 메타버스는 이름 그대로 초월적인(메타) 현실 세
계(버스)로 자리매김하게 되지 않을까요?

메타버스는 4차 산업혁명의 중심?

2009년까지만 해도 전통적 굴뚝 산업 기반의 기업이 세계 최고 기업으로 손꼽혔습니다. 2009년 시가총액 Top 10 기업을 살펴보면 1위가 중국의 페트로차이나, 2위가 미국의 엑손모빌로 석유 산업에 기반한 기업이 1, 2위였습니다. 10년이 지난 2019년에는 시가총액 Top 10 기업 중 7개 기업이 디지털 기반의 기업이 되었습니다. 1위가 MS, 2위가 애플, 3위가 아마존, 4위가 알파벳(구글)이었는데요. 불과 10년만에 디지털 기반의 기업으로 '대전환'이 일어난 것입니다.

2009년 전 세계 시가총액 Top 10 기업		
순위	기업명(국가)	업종
1	페트로차이나(중국)	석유
2	엑손모빌(미국)	석유
3	마이크로소프트(미국)	IT
4	중국공상은행(중국)	금융
5	월마트(미국)	유통
6	중국건설은행(중국)	금융
7	BHP그룹(호주)	자원
8	HSBC홀딩스(영국)	금융
9	페트로브라스(브라질)	석유
10	알파벳(미국)	IT

2019년 전 세계 시가총액 Top 10 기업			
순위	기업명(국가)	시가총액 (억 달러)	사업 현황
1	마이크로소프트(미국)	10,616	PC용 OS(윈도), 클라우드 플랫폼
2	애플(미국)	10,122	스마트폰, 모바일 OS(IOS), 앱스토어
3	아마존(미국)	8,587	전자상거래, 클라우드 플랫폼
4	알파벳(미국)	8,459	검색 엔진, 인터넷·모바일 광고, 모바일 OS(안드로이드)
5	버크셔해서웨이(미국)	5,097	투자사, 다국적 지주회사
6	페이스북(미국)	5,081	소셜 네트워크 서비스
7	알리바바(중국)	4,354	전자상거래, 전자결제(핀테크)
8	텐센트(중국)	4,024	인터넷 포털, 게임, 메신저
9	JP모건(미국)	3,763	투자 및 상업은행
10	존슨&존슨(미국)	3,415	제약 및 미용, 위생 관련 제품 생산

(출처: Bloomberg, 삼정KPMG 경제연구원)

기업의 순위가 바뀐 정도가 아닙니다. 2000년에 미국 경제지 〈포춘〉이 선정한 500대 기업 중 절반 이상이 20년 만에 문을 닫았습니다. 한마디로 디지털 전환을 하지 못한 기업은 여지없이 망한 것입니다.

디지털 전환의 소용돌이가 몰아치는 가운데 제품 사용자가 5,000만 명이 되는 데 걸리는 시간도 급격히 줄어들었습니다. 자동차는 사용자가 5,000만 명이 되기까지 62년이 걸렸습니다. 전화기는 50년, 전기는 46년이 걸렸습니다. 신용카드는 28년이었고, TV는 22년이었죠. 그런데 유튜브는 겨우 4년 만에 사용자 5,000만 명을 달성했습니다. 페이스북은 그보다 더 빠른 3년, 트위터(Twitter)는 2년이 걸렸습니다. 이게 끝이 아닙니다. '앵그리버드(ANGRY BIRDS)' 게임은 35일, 증강현실의 매력을 세상에 알려준 '포켓몬 GO' 게임은 고작 19일 만에 해냈습니다. 이처럼 디지털에 기반한 기업은 지금까지 상식으로는 이해하기 어려울 정도로 빠르게 성장하고 있습니다.

또 한 가지 큰 변화가 일어나고 있습니다. 바로 플랫폼 기업의 등장입니다. 과거에는 기업이 열심히 노력해서 좋은 제품이나 서비스를 공급하는 형태였습니다. 하지만 이제는 생산자와 소비자를 연결해 주는 플랫폼 기업이 엄청난 성장세를 보이고 있습니다. 우버(Uber)가 그 대표적인 예라 할 수 있는데요. 우버는 차량 한 대 없이 세계 600개 이상의 도시에서 전통적인 택시 시장을 몰락시키며 승승장구하는 중입니다. 건물 한 채 없이 숙박 산업을 선도하는 에어비앤비(Airbnb)도 대표적 플랫폼 기업 중 하나이고요. 우리나라의 '배달의 민족'이나 '카카오 택시'도 잘나가는 플랫폼 기업입니다. 라이프로깅 세계의 주역인 페이스북 역시 사용자가 자발적으로 올린 사진과 동영상, 글로 사업을 발전시켜 나가는 플랫폼 기업입니다.

불과 10여 년 만에 전 세계 산업을 재편해 버릴 정도로 디지털과 플랫폼의 파괴력은 어마어마합니다. 그런데 메타버스는 이 두 가지 속성을 모두 가지고 있습니다. 메타버스는 디지털에 기반한 가상 세계입니다. 그리고 메타버스는 오픈월드와 샌드박스 기능을 제공할 뿐이며 이를 통해 메타버스를 발전시켜 가는 것은 사용자의 몫입니다. 메타버스는 또 다른 형태의 플랫폼인 것입니다. 디지털과 플랫폼, 두 가지 속성을 모두 가지고 있기에 앞으로 어마어마한 변화를 일으킬 잠재력을 갖춘 서비스가 메타버스인 것입니다. 그런데 이게 전부가 아닙니다. 메타버스에는 4차 산업혁명을 대표하는 기술이 집약되어 있습니다.

많은 전문가가 메타버스를 제대로 구현하기 위해서는 여러 가지 기술이 뒷받침되어야 한다고 이야기합니다. 전문가들이 거론하는 기술은 다음과 같습니다. 클라우드, 재화 시스템, 디지털 자산 보안, 편집 툴, 가상현실, 디지털 휴먼, 콘텐츠, 인공지능, 공간 컴퓨팅, 증강현실, 거래소, 추천 알고리즘, 실시간 언어 번역, 광고, 세계관 기획, 커머스(commerce), 아바타(avatar), IoT, 빅데이터(big data), 블록체인(Block Chain), 아이 트래킹(eye tracking), 실시간 렌더링(rendering) 등이 그것인데요. 이 기술들 중 상당수가 4차 산업혁명을 이야기할 때 빠지지 않는 것들입니다.

4차 산업혁명은 동시다발적으로 등장한 새로운 기술들이 서로 연결되어 이전에 없던 새로운 세상을 만들어 가는 것입니다. 그리고 그 변화는 이제 막 시작되고 있습니다. 운전기사 없이 스스로 움직이는 택시가 등장했습니다. 하늘을 나는 자동차도 선보였습니다. 로봇이 닭을 튀기고 서빙을 하고 커피를 만들어 냅니다. AI가 진료를 돕는 것도 더 이상 낯선 광경이 아닙니다. 3D 프린팅으로 집을 짓고 다리를 건설하기까지 합니다. 드론은 방송, 물류, 국방 등 다양한 분야에 활용되고 있습니다. 발사되었던 로켓의 발사체가 발사된 위치로 다시 돌아오는 만화 같은 광경도 이미 현실이 되었습니다. 얼마 전에는 우주여행을 다녀온 사람들의 기사가 소개되기도 했고요. 이러한 변화를 가능케 한 기술들의 상당수가 메타버스에 적용되고 있습니다. 이와 같은 전에 없던 기술들과 함께 메타버스는 새로운 변화를 만들어 가고 있는 중인데요. 또 다른 관점에서 메타버스는 4차 산업혁명을 일으키고 있는 기술들이 만들어 낸 변화 그 자체일 수도 있겠습니다. 그리고 끝없이 커져 가는 메타버스의 오픈월드를 기반으로 그 안에서 무수히 많은 새로운 변화가 생겨나고 있기 때문에, 메타버스는 4차 산업혁명의 중심으로 불려도 손색이 없을 것 같습니다.

메타버스는 이처럼 디지털, 플랫폼, 4차 산업혁명 등 핫한 키워드와 밀접히 연결되어 있습니다. 그렇기 때문에 앞으로 급속도로 발전할 것이 기대되는 굉장히 유망한 분야입니다. 이는 다시 말하면 앞으로 메타버스 분야에 정말 많은 인력이 필요할 것이라는 이야기가 됩니다. 요즘 실리콘밸리의 개발자들은 엄청난 몸값을 받으며 일하고 있습니다. 워낙 많은 회사에서 개발자가 필요한 상황이기 때문에 특정 회사에 얽매이지 않고 자신의 역량을 발휘하고 있기도 합니다. 대한민국도 마찬가지입니다. 여러 기업이 앞다투어 개발자들을 모셔 가고 있어 이들의 몸값이 계속 오르고 있는 중입니다. 얼마 전에는 현대자동차에서도 온라인으로 개발자 콘퍼런스를 열어 개발자를 공개 모집하기도 했는데요. 지금 개발자의 몸값이 천정부지로 뛰고 있는 것처럼, 앞으로는 메타버스와 관련된 기술과 지식을 갖춘 인재에 대한 영입 전쟁이 벌어질 것으로 예상됩니다. 따라서 현실적으로 봤을 때, 지금 여러분이 메타버스에 관심을 가지는 것은 선택이 아닌 필수입니다.

토론거리_2

메타버스로 인해 등장하게 될 새로운 직업에는 어떤 것이 있을까요? 여러분은 이런 새로운 직업이 왜 유망할 것이라고 생각하나요? 친구들과 함께 토론해 봅시다.

— 2장 —

메타버스가 대세일
수밖에 없는 이유

1
달라진 세상,
달라진 우리들

　세상이 빠르게 변화하고 있는 시대에는 모르는 것을 한번 해 보는 것이 중요합니다. 잘 몰라도 한번 해 보는 것이 능력이고, 그런 용기를 발휘할 수 있는 자신감은 생존의 필수조건이 되고 있습니다. 위험을 무릅쓰지 않으면 언제고 사라지게 될 수 있기 때문인데요. 이는 다음 세대의 주인공인 MZ세대, 여러분이 이전과는 전혀 다른 모습을 보이고 있기 때문이기도 합니다.

　현재 자동차 시장에서는 전기 차의 비중이 급격히 높아지는 중입니다. 세계 각국에서 탄소 규제 정책을 강화하면서 내연기관 자동차를 몰아내려 하는 것도 변화의 요인일 것입니다. 이러한 시장 환경의 변화를 감지한 완성차 제작업체들이 조만간 100%

세계와 세대를 제대로 읽은 전기 차 기업, 테슬라

전기 차 생산업체로 변신하겠다고 앞다투어 선언하고 있습니다. 그리고 그 변화의 중심에 테슬라(TESLA)의 약진이 눈에 띕니다. 그들이 선보인 제품의 특장점도 놀랍지만, 테슬라를 향한 소비자들의 뜨거운 애정은 더욱 놀랍습니다. 사실 테슬라는 완성도 측면에서 아쉬움이 많습니다. 이곳저곳에 틈이 벌어져 있거나 물이 새기도 합니다. 그럼에도 사람들은 테슬라표 전기 차를 향한 찬양을 멈추지 않습니다. 시대 변화를 제대로 읽어 내고 그에 따른 적절한 대처로 새로운 세대의 마음을 사로잡았기 때문일 것입니다.

이러한 움직임과 정반대로 움직이는 기업들이 있어 주목을 받고 있습니다. 놀랍게도 일본의 세계 1위 자동차 기업 토요타 (TOYOTA)가 그중 하나입니다. 토요타는 '코롤라 하이브리드'라는 신차를 출시하며 광고를 하나 발표했습니다. 광고에서 코롤라 하이브리드는 역사 속 차량을 하나둘 추월해 갑니다. 그리고 마지막으로, 충전 중인 전기 차를 비웃듯 지나치며 앞으로 나아가는 모습을 보여 줍니다. 이 광고는 하이브리드 차량이 전기 차보다 앞선 기술을 가진 차라는 잘못된 인식을 심어 준다는 이유로 많은 비난을 받았습니다. 심지어 환경문제에 민감한 노르웨이에서는 이 광고를 금지시키기도 했습니다. 그로 인해 지금 많은 사람이 토요타의 미래를 걱정하고 있습니다. 변화를 제대로 알리는 노력, 그리고 달라진 세대의 마음을 사로잡을 노력을 게을리하고 있다는 것이죠. 마치 역사 속에서 사라지다시피한 왕년의 세계 1위 휴대폰 기업 노키아(Nokia)의 모습을 보는 것 같다고 말하는 전문가도 많습니다.

변화에 대해 관심을 가지고 그에 맞춰 스스로를 바꿔 가려는 노력은 사실 쉬운 일은 아닙니다. 여러분도 계속해서 어떤 변화가 일어날지에 관심을 기울이는 게 쉽지는 않을 것입니다. 하지만 메타버스를 둘러싼 변화는 이제 시작일 수 있으며 앞으로 급격한 속도로 발전해 갈 것으로 보입니다. 이러한 상황에서 메타버스에 관심을 갖지 않다가는 노키아처럼, 또 어쩌면 토요타와 같이 낭패를 당할지도 모릅니다.

비대면 시대 최고의 아지트, 메타버스

어느 날 갑자기 코로나19 대유행이라는 재난 상황이 벌어졌습니다. 중국 우한이라는 도시에서 사람들이 힘없이 쓰러지는 모습이 유튜브를 통해 전파됐습니다. 당시에는 또 하나의 괴담일 거라 생각하는 사람도 많았습니다. 하지만 전 세계는 전에 없던 감염병의 대유행을 맞이하게 되었습니다. 수많은 나라의 의료 체계가 마비되었습니다. 길거리 곳곳에서 코로나19로 목숨을 잃은 사람들의 시신을 화장하는 참혹한 장면이 보도되었습니다. 사람들은 문을 걸어 잠그고 집 안으로 숨어들었습니다. 그리고 대안을 찾기 시작했습니다.

기업의 화상회의에 사용되던 기술이 갑자기 일상생활에서 활용되기 시작했습니다. 당장 학교에 갈 수 없는 학생들은 카메라를 갖춘 PC 앞으로 모여들었습니다. 학교도, 기업도 온라인 환경에 적응하기 위해 열심히 노력했습니다. 하지만 갑작스러운 상황에 임시방편으로 사용되다 보니 부족함이 많은 것이 사실입니다. 일부에서는 온라인 화상회의 프로그램 '줌(Zoom)'을 사용하면서 피로감을 느끼다 보니 '줌 피로'라는 신조어가 등장하기도

코로나19로 인한 비대면 상황에서 대안으로 떠오른 '줌(Zoom)'

했습니다.

줌 피로는 온라인에서 카메라 너머의 사람들과 대화할 때 기술적으로 또 심리적으로 피로감이 쌓이는 것을 말합니다. 기술적 요인으로는 종종 대화가 끊기거나 한참 동안 시스템이 먹통이 되는 것 같은 상황을 말합니다. 그리고 심리적 요인은 카메라에 계속 자신을 노출시켜야 한다는 것과 영상만으로 상대방이 말하고자 하는 바를 알아내야 하는 데 따른 피로감이 꼽힙니다.

이러한 피로감을 극복하기 위한 대안으로 메타버스가 주목받고 있습니다. 나를 드러내지 않고 아바타를 활용할 수 있으며, 3D

공간을 자유롭게 이동하면서 여러 가지 표정과 제스처로 다른 사람들과 만남을 가질 수 있기 때문입니다.

2021년 9월 서울대학교에서 메타버스를 활용한 채용박람회가 열렸습니다. 주로 회의, 강의, 네트워킹 등의 목적으로 사용되는 메타버스 서비스 플랫폼 '게더타운(Gather.town)'에 공간을 오픈한 이번 채용박람회에는 60여 개에 달하는 기업이 참여해 열기를 더했습니다. 귀여운 아바타로 디지털 공간에 조성된 박람회장을 거닐며 다른 아바타나 기업 관계자들과 모임을 가졌는데요. 서울대학교뿐만 아니라 많은 대학이나 기관, 기업에서 메타버스를 통해 크고 작은 행사를 개최하는 중입니다.

메타버스를 활용한 행사는 꾸준히 진화하고 있습니다. 단순히 공간을 열어 놓는 것에 그치지 않고, 그 안에서 보물찾기를 하거나 특정 아바타를 지목해 카메라로 촬영하는 이벤트를 벌이기도 합니다. 또한 라이프로깅 세계와 연결해 특정 시간에 특정 장소에서 촬영한 사진을 올리면 경품을 제공하는 이벤트도 개최하고 있습니다. 이렇듯 갑자기 시작된 비대면 시대에 안전한 아지트로, 메타버스가 빠르게 자리를 잡아 가는 분위기입니다. 그리고 새로운 메타버스가 발표되고 있어 그 영향력은 더욱 커질 것으로 보이는데요. 먼저 강력한 아바타 기능을 새롭게 선보인 MS의 '팀즈(Teams)'가 있고요. 페이스북에서 준비 중인 '호라이즌

(Horizon)' 또한 비대면 환경에서 최상의 만남을 가능하게 해 줄 서비스로 기대를 모으고 있습니다.

코로나가 언제 종식될지는 아무도 모릅니다. 먹는 치료제가 개발되어 코로나의 위협이 사라진다 해도 또 다른 코로나가 언제든 등장할 수 있는 분위기입니다. 어쩌면 비대면 사회는 사라지지 않고 계속될지도 모릅니다. 이런 상황에서 안전한 모임 장소로 메타버스가 각광받는 것은 무척 의미심장합니다. 앞으로 메타버스에서 모임을 갖는 것은 매우 자연스러운 일상이 될 가능성이 높습니다.

스마트폰 홀릭 세대의 달라지는 뇌 구조

MZ세대, 그중에서도 Z세대는 역사 이래 가장 강력한 신문물로 꼽히는 스마트폰을, 태어나면서부터 접하는 세대입니다. 그런 Z세대를 일컫는 다양한 용어가 있습니다. 'N세대(Net Generation)', '새로운 세대(New Generation)', '디지털 키즈(Digital Kids)', '사이버 키즈(Cyber Kids)', 사이버 세대(Cyber Generation)', '테크노 키즈(techno kids)', '포노 사피엔스(phono sapiens)' 등이 바로 그것인데요. 왜 이렇게 다양한 명칭이 사용되고 있을까요? 그만큼 여러분이 기존 세대와 명백하게 다른 점을 가지고 있기 때문 아닐까요? 그리고 그 '다름' 때문에 메타버스와 같은 새로운 기술이 필요한

코로나19 이후 스마트폰 사용 시간이 증가한 우리 학생들

것인지도 모릅니다.

2019년, 세계이동통신사업자협회(GSMA)의 조사에 따르면 전 세계적으로 약 60% 이상의 사람이 스마트폰을 사용하고 있습니다. 우리나라는 인구의 95%가 스마트폰을 사용하고 있는 것으로 조사되었는데, 특히 어린이와 청소년의 스마트폰 보유율이 매우 높습니다. 2018년도 기준 중학생은 95.9%, 고등학생은 95.2%가 스마트폰을 가지고 있는 상황입니다. 초등학생의 경우에는 4~6학년의 81.2%가, 1~3학년은 37.8%가 스마트폰을 가지고 있는 것으로 나타났습니다.

사용 시간은 어느 정도일까요? 중학생은 하루 평균 2시간 24분, 고등학생은 2시간 15분, 초등학교 1~3학년은 45분, 4~6학년

스마트폰 사용으로 변화하는 인간의 뇌 구조

은 1시간 45분가량 스마트폰을 이용하는 것으로 조사되었습니
다. 우리나라의 새로운 세대 대부분이 하루 평균 2시간 이상 스
마트폰을 사용하고 있는데, 코로나19를 겪으며 사용 시간이 크게
증가했습니다. 하루 4시간 이상 스마트폰을 사용하는 아이들의
비율이 코로나19 전 38%에서 코로나19 이후 63.6%로 늘어난 것
입니다. 잠자는 시간을 제외하면 하루의 4분의 1 내지는 5분의 1
을 스마트폰을 보며 시간을 보내고 있는 것이죠.

　미디어에 대해 여러 통찰력 있는 지식을 전달해 준 마샬 맥루
한(Herbert Marshall McLuhan)이라는 학자가 있습니다. 그는 다양

한 미디어를 "세상과 우리 자신을 바라보는 창"이라고 보았습니다. 그리고 특정 미디어, 예를 들어 스마트폰 같은 것을 과도하게 사용하다 보면 개인과 사회의 '정체성'이 달라진다고 이야기했습니다.

철학자 프리드리히 니체(Friedrich Nietzsche)는 지독한 두통과 나빠진 시력, 계속되는 구토 증상 때문에 글쓰기 작업이 어려워지자 1882년에 타자기를 하나 주문합니다. 당시 니체가 주문한 타자기는 덴마크제 몰링 한센 타자기였습니다. 새로운 기술을 접한 니체는 타자기를 무척 마음에 들어 했다고 하는데요.

여기서 중요한 것은 타자기를 사용한 뒤로 니체의 글이 이전과 조금 달라졌다는 것입니다. 니체의 친구이자 작가이며 작곡가였던 하인리히 쾨젤리츠(Heinrich Kbsolitz)는 니체가 타자기를 사용한 뒤로 글이 더 축약되고 간결해진 것은 물론 새로운 힘이 느껴진다고 이야기했습니다. 니체 또한 '글쓰기용 도구가 우리의 사고를 형성하는 데 한몫했다'라고 화답했고요. 즉 타자기라는 새로운 미디어가 위대한 철학자조차 변화시킨 것입니다.

이처럼 특정 미디어로 인해 사람이 변화되는 이유는 무엇일까요? 뇌를 연구하는 학자들은 "미디어로 인해 뇌가 바뀌기 때문"이라고 이야기합니다. 사실 받아들이기 어려운 이야기입니다. 아주 오래전부터 우리는 어려서 말랑말랑하던 뇌가 나이가 들수록 굳어져 한 사람의 특성을 결정한다고 믿어 왔기 때문입니다. 그런데 최근 과학자들의 실험 결과, 뇌는 변화에 적응해 가려는 속성을 지녔고 또 실제로 변해 간다는 사실이 밝혀지고 있습니다.

마이클 머제니치(Michael Merzenich)라는 과학자는 여섯 마리의 원숭이를 대상으로 뇌가 손의 느낌을 처리하는 과정을 담은 지도를 완성했습니다. 그다음 지도를 만드는 연구에 참여한 원숭이들의 손에 상처를 내 감각신경을 절단했습니다. 그러자 원숭이들의 뇌 지도가 뒤죽박죽되는 현상을 보였습니다. 그러고 나서 몇 달 후, 원숭이들의 뇌를 다시 살펴보니 놀랍게도 뇌가 스스로 새로운 지도를 만들어 낸 것을 확인할 수 있었습니다. 즉 영장류의 뇌가 변화에 적응한다는 사실을 실험을 통해 확인한 것입니다.

미국 국립보건원 신경의학부 과장인 마크 핼렛(Mark Hallett)은 뇌가 변화하는 현상은 꾸준히 지속적으로 이뤄진다고 주장했습니다. 또 하버드대학교 의과대학의 신경 연구학자인 알바로 파스쿠알 레온(Alvaro Pascual Leone)은 우리의 뇌가 어떤 경험을 하는가에 따라, 그리고 어떤 행동을 접하는가에 따라 끊임없이 변하면서 적응해 나간다고 이야기했습니다. 여러 연구 결과를 통해 우리는 다음과 같은 결론에 도달할 수 있습니다. 어려서부터 스마트폰을 통해 끊임없이 새로운 콘텐츠를 경험하는 MZ세대는 이전 세대와 완전히 다른 뇌 구조를 가지고 있다는 것입니다. 그

전 세계적으로 환경문제에 대한 관심을 이끌어 낸 소녀, 그레타 툰베리

리고 계속해서 뇌 구조가 변화해 가고 있다는 사실입니다. 어쩌면 지금 메타버스가 각광받고 있는 것은 이전 세대와 완전히 다른 구조를 가진 MZ세대의 뇌가 그것을 간절히 바라고 있기 때문일지도 모릅니다.

Z세대도 아직 잘 모르는 Z세대 이야기

2019년 미국 시사 주간지 〈타임〉이 선정한 올해의 인물에 16세 소녀가 등장했습니다. 그 소녀는 2019년 노벨 평화상 후보에까지 이름을 올렸습니다. 8세 때부터 환경문제에 관심을 가졌고 주변 사람들이 자신의 이야기에 관심을 보이지 않자 우울증에 걸릴 만큼 심각한 문제의식을 가졌다고 하는데요. 이 소녀의 이름은 그레타 툰베리(Greta Thunberg)입니다.

환경문제에 대해 심각한 고민에 빠져 있던 툰베리는 '기후변화를 위한 학교 파업'을 시작하기에 이릅니다. 매주 금요일, 학교에 가지 않고 스웨덴 의회 앞으로 가서 시위를 한 것입니다. 그리고 2018년 8월 20일, 트위터에 자신이 스웨덴 의회 건물 앞에서 시위하는 사진을 올렸습니다. 소셜 미디어를 통해 툰베리의 시위 모습을 본 많은 새로운 세대는 큰 자극을 받았고, 이는 '미래를 위한 금요일'이라는 커다란 캠페인으로 발전하게 되었습니다. 이어 2018년 9월 20일에는 아시아, 아프리카, 유럽, 아메리카 대륙 각지에서 수백만 명이 참여한 전 세계 기후 파업이 벌어지기도 했습니다.

툰베리의 행보는 이제 시작인 것 같습니다. 그는 다보스 포럼 등 전 세계 지도자들이 참여하는 자리에서 세계 각국의 지도자를 향해 메시지를 전하기도 했습니다. 세계를 이끄는 리더들 앞에서도 자신의 주장을 굽히지 않는 당찬 모습을 보였습니다. 환경문제에 자신의 목소리를 낼 줄 아는 새로운 세대가 등장한 것입니다. 그리고 그 등장 과정과 영향력이 번져 가는 과정에 라이프로깅 세계가 연관되어 있다는 것이 매우 흥미로운데요. 세상이 메타버스를 통해 등장한 신세대 히어로를 힘껏 반기는 모습을 보이고 있다는 것은 무척 고무적인 일이라 하겠습니다.

코로나19가 기승을 부리던 2020년 2월, 한 홈페이지가 등장합니다. 대한민국의 중학생 2명이 만든 홈페이지인데요. 국내는 물론 세계의 코로나 종합 상황판, 국민안병원, 내 주변의 선별 진료소, 실시간 뉴스 속보 등을 한눈에 확인할 수 있는 홈페이지였습니다. '코로나 나우!'라는 이 사이트는 어려서부터 홈페이지 제작에 관심이 많았던 두 친구가 1주일 동안 코딩 책과 구글 검색을 통해 만들어 낸 것이었습니다.

그들은 홈페이지에 실릴 데이터를 수집하면서 대구대학교 등 여러 기관, 기업의 도움을 받았습니다. 또 블룸버그, 텐센트, 영국 의학 사이트, 존스홉킨스대학교 CSSE를 참고하는 등 전 세계의 지식과 정보를 수집하여 활용하기도 했습니다. 이 모든 것을 자신들의 책상에서 인터넷을 활용해 진행했는데요. 이들이 만든 홈페이지는 코로나라는 국가적 위기 상황에 매우 요긴하게 사용되었습니다. 2020년 5월까지 '코로나 나우!'의 누적 접속자는 1,500만 명이고 앱 다운로드 수는 22만 회나 됩니다. 그런데 더 놀라운 것은 홈페이지를 개발한 두 친구가 자신들이 개발한 홈페이지로 벌어들인 수익을 꾸준히 기부하고 있다는 사실입니다. 이들 대한민국 Z세대 히어로의 활약에 영국 BBC와 일간지 〈가디

언〉, 싱가포르의 영자 신문 〈더 스트레이트 타임스〉 등에서 인터뷰를 진행하기도 했습니다. 새롭게 등장한 K-히어로를 전 세계가 반겨준 것입니다.

여러분이 피부로 느끼는 것 이상으로 세상은 크게 변화하고 있습니다. 그리고 그 변화의 중심에서 여러분과 같은 10대들이 활약하는 중입니다. 여러분이 잘 모르는 이야기일 수도 있습니다. 하지만 그들의 활약상을 보면 여러분도 충분히 할 수 있다는 걸 알게 됩니다. 여러분이 가치 있게 생각하는 것을 지금 실천해 보면 어떨까요? 메타버스에 그런 가치를 담은 공간을 여는 것도 가능하겠습니다. 일정한 시간을 정해 뜻을 같이하는 친구들끼리 메타버스에서 모임을 갖는 것도 어렵지 않습니다. 어쩌면 세상은 그런 여러분을 새 시대의 히어로로 격하게 환영해 줄지 모릅니다.

 **토론거리_3**

이전과 다른 방법으로 가치 있는 일을 하고 있는 친구들을 살펴보았습니다. 앞으로 청소년들이 메타버스를 통해 가치 있는 일을 실천할 수 있는 길이 열리게 될까요? 친구들과 함께 토론해 보세요.

2
현실만큼 중요해진
가상(이미지)

　메타버스가 세상에 등장했습니다. 온통 이미지로 만들어진 또다른 현실입니다. 그 세계로 엄청나게 많은 사람이 드나들고 있습니다. 그저 이미지로 된 세계가 뜨겁게 환영받고 있는 현실을 바라보고 있노라면 '이미지를 대하는 세상의 태도가 바뀌었나'라는 생각이 들 정도입니다. 언제부터 이미지가 이렇게까지 중요해진 것일까요?

　세상이 무척 빠르게 변하고 있습니다. 우주여행이 코앞에 다가와 있습니다. 자동차가 스스로 움직이며 땅과 하늘을 점령해 가고 있습니다. 소셜 미디어는 사용자의 취향을 사용자 자신보다 더 잘 이해하고 있습니다. 이런 깜짝 놀랄 만한 뉴스가 끊임없이

끊임없이 생산되고 서비스되는 이미지들

'새로고침' 되며 스마트폰, 태블릿 PC, PC, TV, 스크린, 광고판 등을 통해 이미지로 우리에게 전달됩니다. 그리고 이러한 이미지를 접한 우리는 이전과는 다른 존재로 조금씩 달라져 가는 중입니다. 쏟아져 들어오는 이미지가 사람을 변화시키는 시대. 과연 이미지는 우리에게 어떤 의미가 된 것일까요?

플라톤 할아버지가 말했지, 가상은 쓸모없는 거라고

플라톤(Platon)은 고대 그리스의 철학자이자 수학자입니다. 그는 우리가 눈과 귀, 코, 입, 손, 발, 피부 등을 통해 경험하게 되는

‘우리가 보는 것은 세상을 본뜬 형상의 그림자에 불과하다’고 말한 플라톤

것 그 너머에 참된 것, 영원한 것이 있다고 보았습니다. 그리고 자신이 생각하는 '세상'을 동굴에 비유해 설명했습니다.

동굴이 하나 있습니다. 동굴 안에는 오로지 한쪽 벽만 보고 자라난 사람들이 있습니다. 심지어 어릴 적부터 동굴 안의 한쪽 벽만을 보도록 손과 발, 목이 묶여 있습니다. 이렇게 한쪽만 보도록 고정된 사람들 뒤로는 담장이 하나 있습니다. 그 담장 뒤에는 세상 모든 사물의 형태가 불빛 앞에서 왔다 갔다 할 수 있는 장치가 마련되어 있습니다. 꽁꽁 묶여 한쪽 벽만 보는 사람들은 평생을 불빛에 비친 사물들의 그림자만 보고 살아가는 것이죠. 게다가 그림자가 오갈 때 소리가 나도록 되어 있어 동굴 속에 묶여 있는 사람들은 자신이 보고 듣는 것이 진짜 세상이라고 믿고 있습니다. 플라톤은 동굴 비유를 통해 이렇게 말했습니다.

"한평생 그림자를 진짜 세상이라 믿고 살아가는 것이 바로 우리의 처지이다. 우리가 보고 듣는 세상이라 믿고 있는 것은 동굴 밖에 있는 '진짜'의 그림자에 불과하다."

플라톤의 이야기에서 우리는, 그림자가 아주 나쁜 역할을 맡고 있다는 것에 주목할 필요가 있습니다. 진짜가 있고 그 진짜를 모방한 어떤 것의 그림자가, 마치 자신이 진짜인 양 동굴 속 묶여 있는 사람들을 속이고 있는 것이죠. 이런 가짜가 주인 노릇을 하는 세상에서 이미지는 그 그림자를 베낀 것입니다. 사람을 속이는 나쁜 그림자를 베낀, 더 나쁜 것이 이미지인 것이죠. 그래서 플라톤은 이 이미지를 '의미 없는 것', '쓰레기'라고 보았습니다.

틀뢰즈 아저씨가 그랬어, 가상에는 힘이 있다고

플라톤이 생존하던 당시에 이미지라는 건 그림이나 글씨가 전부였습니다. 하지만 지금은 상황이 많이 달라졌습니다. 책, 잡지, 포스터, 광고, 영화, 드라마, 애니메이션, 게임, 메타버스 등 수많은 이미지가 쉴 새 없이 등장하고 있습니다. 온통 이미지로 둘러싸인 세상에서 여전히 이미지를 '쓰레기'라고 본다면 자칫 오류에 빠질 것 같지 않은가요?

빌렘 플루서(Vile'm Flusser)라는 철학자는 인간의 문화에 두 번의 큰 변화의 시기가 있었다고 이야기합니다. 첫 번째는 페니키아인들이 알파벳 문자를 발명해 낸 때입니다. 그리고 두 번째는 기계장치를 통해 이미지를 만들어 내기 시작한 때로, 카메라와 필름이 등장한 시기를 가리킵니다.

플루서의 말대로라면 지금 시대는 엄청난 변화가 일어나고 있다고 봐야 하겠습니다. 왜냐하면 너도나도 기계장치를 하나씩 들고 무수히 많은 이미지를 만들어 내는 시대이기 때문입니다. 한편 앙리 베르그송(Henri Bergson)이라는 철학자는 이미지를 "한 장의 그림 그 이상"이라고 이야기했습니다. 그는 "이미지는 그림자에 불과한 것이 아니라, 엄연히 하나의 사물이며 진짜 세상의 일부분"이라고 선언했습니다.

발터 베냐민(Walter Benjamin)은 거대한 도시 속에서 홍수처럼 쏟아지는 이미지 속에서 살아가는 사람을 걱정한 철학자 중 한 명입니다. 그는 이미지에 갇힌 사람들의 상황을 이렇게 이야기했습니다. 사람들은 주변을 꽉 채운 이미지와 빠른 속도로 이동하는 환경 속에서, 제대로 이미지를 마주하고 싶은 마음을 갖게 됩니다. 그러나 너무나 정신없고 빠르게 진행되는 대도시 생활로 인해 사람들은 이미지를 제대로 보고 싶은 마음과 그것으로부터 도망치고 싶은 마음을 동시에 갖게 됩니다. 이렇게 정신이 분열되는 상황에 깊이 빠져들지 않기 위해, 사람들은 생각 없이 이미지를 바라보는 기계적인 상태로 변모해 갑니다.

베냐민은 이렇게 기계적 상태에 빠진 사람을 이미지가 도와줄 수 있다고 이야기합니다. 기계적 상태에 빠진 사람들이 이미지를 적극적으로 체험하면서, 이미지 속에서 에너지를 얻고, 적극적인 삶의 태도를 회복하는 것이죠. 그리고 이미지 덕분에 회복된 사람들은 이미지를 재구성하는 능력을 발휘하기 시작합니다. 베냐민의 말을 빌리자면, 메타버스에서 창작자로 살아가는 사람들은 이미지 덕분에 회복을 경험했기 때문에 그런 삶을 살아가는 것일 수 있습니다.

그렇다면 대체 이미지가 무엇이기에 사람의 회복을 돕고 창조의 기운을 불어넣어 주는 것일까요? 프랑스의 철학자 질 들뢰즈(Gilles Deleuze)는 플라톤이 '쓰레기'라고 잘라 말했던 이미지가 사실은 그 자체로 '운동'이며 그 안에 '힘'이 있다고 이야기합니다. 그는 이미지는 무언가를 본떠 만들어진 부산물 같은 것이 아니라 스스로 존재하는 독립적인 것이라고 선언했습니다. 그리고 스스로 존재하는 이미지는 그것을 접하는 사람들로 하여금 이전과는 다른 존재가 되게끔 변화시키는 힘을 가지고 있다고 말합니다.

그렇다면 사람들은 자신을 둘러싸고 있는 수많은 이미지를 통해 변화될 가능성에 노출되고 있는 셈입니다. 그리고 계속해서

쏟아지는 이미지의 힘을 따라 시시각각 이전과 다른 나로 변모해 가는 것입니다. 그렇다면 이미지를 재구성해 보다 많은 사람으로 하여금 보게 만들 수 있는 능력을 갖추는 것은, 무수히 많은 사람을 변화시킬 수 있는 힘을 갖는 것이라고 볼 수도 있겠습니다.

지금 이미지를 만들어 내는 크리에이터들이 막대한 수입을 올리고 있는 것도 이미지가 이전과 다른 힘과 지위를 갖추게 된 덕일지도 모릅니다. 그리고 메타버스가 본격화되어 또 다른 현실로 자리매김한다면, 이미지를 재구성할 수 있는 능력을 갖춘 사람들의 영향력은 더욱 커질 것입니다. 메타버스 시대에 사람들은 이미지를 보는 것에서 그치지 않고 이미지에서 살아가게 될 것이기 때문입니다. 어쩌면 갈수록 막강해지는 이미지의 힘과 지위를 등에 업고, 메타버스 속 크리에이터들은 신과 같은 지위를 누리게 될지도 모르겠습니다.

심리학이 밝혀낸 증거들

이미지에 힘이 있고 사람을 변화시킬 수 있다는 철학자들의 주장은 다소 과장된 것처럼 들립니다. 하지만 사람들이 이미지와 실제를 혼동하고, 이미지 때문에 감정과 행동에 변화가 일어난다는 연구 결과가 쌓여 가고 있습니다.

한 해변가를 지나던 남성에게 어떤 신사가 잠깐의 실험에 참여할 것을 청합니다. 신사는 자리에 앉은 남성의 왼손을 보지 못하게 가리고 왼손 모양으로 제작된 고무손을 남성이 볼 수 있는 곳에 둡니다. 그러고 나서 고무손과 가려진 왼손을 붓으로 동시에 간지럽힙니다. 아주 간단한 눈속임으로 고무손을 자신의 왼손인 양 착각하도록 유도한 것입니다. 그다음 신사는 붓을 치우고 갑자기 고무손을 망치로 내려칩니다. 그러자 실험에 참여한 남성은 마치 자신의 왼손이 망치로 가격당한 듯 소스라치게 놀랍니다.

이 실험 속 신사는 캘리포니아대학교의 심리학 교수인 로런스 로젠블룸(Lawrence D. Rosenblum)입니다. 시각과 촉각 등 여러 자극을 이용해 사람의 기억을 조작하는 것이 가능함을 보여 주기 위해 실험을 벌인 것입니다. 눈으로 보이는 상황, 즉 이미지가 현실과 가상(이미지)을 혼동할 정도로 힘이 있다는 것을 보여 주는 실험인 것입니다.

또 다른 실험을 살펴볼까요? 증강현실을 지원하는 글래스를 착용한 실험자가 의자에 앉아 있습니다. 그리고 자신의 앞에 제시되고 있는 문제를 풀게 합니다. 이때 증강현실 기술로 문제지 옆에 아바타가 앉아 있는 모습이 보이도록 연출합니다. 그러자 실험자가 문제를 푸는 속도는 빨라지고 정답률은 떨어지는 현상을 보였는데요. 이는 실험자가 아바타를 마치 진짜 사람인 것처럼 신경 썼기 때문입니다.

아바타와 관련된 또 다른 실험이 있습니다. 마찬가지로 증강현실을 지원하는 글래스를 착용한 실험자 앞에 의자 2개를 갖다 놓습니다. 한쪽 의자에 증강현실 기술로 아바타를 등장시킨 다음 실험자를 아바타가 앉아 있는 의자의 옆에 놓인 의자에 앉게 합니다. 그리고 의자에 앉을 때 몸을 180도 회전시키라는 미션을 부여합니다. 그러자 27명의 실험자 중 25명이 아바타를 외면하지 않는 방향으로 몸을 회전시켰다고 합니다. 아바타가 기분 상하지 않도록 배려하는 행동을 보인 것입니다.

이러한 아바타 실험을 통해 이미지가 마치 진짜 존재하는 인물처럼 사람들의 행동에 영향을 미친다는 것을 알 수 있습니다. 그리고 아바타를 사람처럼 대하는 상황을 보며 우리는 이미지와 이미지로 구성된 메타버스에 현실과 동일한 영향력이 있음을 미루어 짐작할 수 있습니다. 이미지가 사람을 변화시킨다는 철학자들의 이야기가 여러 실험을 통해 입증되고 있는 것입니다.

3

진짜 실감 나는
메타버스가 오고 있다

학생들이 앉아 있는 넓은 실내 체육관 중앙에는 아무것도 없습니다. 곧이어 체육관 바닥에 커다란 물보라를 일으키며 고래 한 마리가 솟구칩니다. 갑작스러운 상황에 모든 학생이 일제히 탄성을 지릅니다. 솟아오른 고래는 거대한 파도를 만들어 내며 다시 바닥으로 사라집니다. 고래가 사라진 뒤 몰아치며 부서지는 파도는 끝까지 너무나 생생합니다. 진짜 '현실' 같은 영상이었고 또 너무나 비현실적인 상황이었습니다.

이 짤막한 영상은 매직리프(Magic Leap)라는 미국 스타트업이 자신들의 기술력을 보여 주기 위해 만든 것이었습니다. 매직리프는 가상의 이미지를 현실 속에서 자연스럽게 보여 주는 기술을 가지고 있는 회사입니다. 그래서 자신들이 보유한 기술이 품고 있는 '가능성'을 한 번에 제대로 보여 주고 싶어 이런 영상을 연출한 것입니다. 이들이 보유하고 있는 특허는 무려 166개나 됩니다. 구글, 퀄컴, 알리바바, 워너브라더스, JP모건, 모건 스탠리 등 쟁쟁한 기업이 매직리프가 보유한 기술의 가능성을 보고 엄청난 투자를 단행했습니다. 2015년 10월, 구글 주도로 총 5억 4,200만 달러 규모의 투자가 이뤄졌고 2016년 2월에는 7억 9,350만 달러라는 천문학적인 금액이 또다시 투자되었습니다.

이처럼 또 다른 현실을 실감 나게 보여 주는 기술에 대한 엄청난 규모의 투자는 2014년부터 본격화되었는데요. 당시 구글이 AR 글래스를 선보이고 페이스북이 오큘러스라는 VR 업체를 20억 달러라는 천문학적인 금액에 인수하면서 실감 기술에 대한 투자 붐이 일기 시작한 것입니다. 뒤이어 많은 기업이 앞다투어 증강현실(AR), 가상현실(VR), 혼합현실(MR)과 확장현실(XR) 등에 투자하면서 무수히 많은 신제품과 다양한 콘텐츠가 세상에 선을 보였습니다. 지금 우리가 경험하고 있는 메타버스 열풍도 이러한 기업들의 투자와 노력 덕분에 가능했다고 볼 수 있는데요. 그렇기 때문에 앞으로 메타버스가 어떻게 발전해 나갈지 궁금하다면 지금까지 실감 기술 기반 시장을 주도해 온 기업들의 행보를 살펴볼 필요가 있습니다.

천재와 자본이 만나 벌이는 일

엔비디아(VDIA)의 CEO 젠슨 황(黃仁勳, Jensen Huang)은 "이제는 메타버스의 세상이 되었다. 지금까지 20년 동안 놀라운 일이 많았다고 생각하는가? 앞으로의 20년은 SF 영화와 다를 바 없을 것이다. 메타버스의 세상이 다가온다"고 전망했고, 페이스북의 CEO 마크 저커버그(Mark Zuckerberg)는 2014년부터 "잘 만들어진 메타버스로 세상을 더 연결하고 개방적이게 만들겠다"라고 했습니다.

증강현실과 가상현실은 자본력을 갖춘 천재들의 꾸준한 투자 덕분에 꾸준히 발전해 오고 있습니다. 그리고 그 중심에는 페이스북이 있습니다. 페이스북은 2014년 인수한 오큘러스 VR을 발전시켜 PC가 필요 없는 HMD, '오큘러스 퀘스트'를 출시했습니다. 당시 오큘러스 퀘스트는 합리적인 가격대에 매우 질 좋은 가상현실 경험을 제공해 많은 사람을 놀라게 했는데요. 그다음 버전으로 출시된 '오큘러스 퀘스트 2'는 더욱 저렴해진 가격으로 더 개선된 가상현실 체험을 제공하고 있습니다. 현재 오큘러스 퀘스트 2는 아이폰이 최초 등장했을 당시와 비슷한 속도로 팔려 나가고 있습니다. 이 밖에도 페이스북은 AR 체험을 지원하는 전용 글래스나 손의 움직임을 감지하는 최첨단 센싱 기술을 개발 중에 있고요. 가상현실(VR) 기반의 차세대 라이프로깅 세계 '호라이즌'

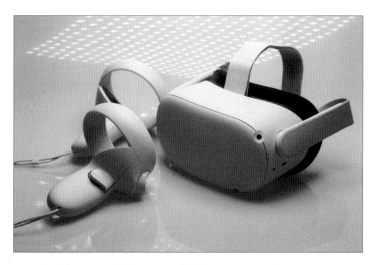

메타버스 붐을 견인할 것으로 기대되는 HMD '오큘러스 퀘스트 2'

도 준비 중에 있습니다.

　MS 또한 여러 현실 서비스를 발전시켜 나가는 데 적극적으로 나서고 있습니다. 과거 VR 체험용 HMD와 전용 플랫폼을 출시한 데 이어 '엑스클라우드(xCloud)'라는 게임 스트리밍 서비스도 출시한 상황입니다. 엑스클라우드를 통해 MS는 인터넷에만 접속하면 게임을 설치하지 않고도 어디서나 게임을 즐길 수 있는 환경을 마련한 것인데요. 이러한 방식으로 메타버스 또한 인터넷 환경 속에서 자유롭게 체험할 수 있기 때문에 앞으로 더욱 중요해질 서비스라고 볼 수 있습니다.

우리를 현재 버전의 아이언맨으로 만들어 줄 '홀로렌즈'

사실 MS는 증강현실을 체험할 수 있는 디바이스를 개발하는 데 가장 앞서 있고, 홀로렌즈라는 기기를 2세대까지 발표했습니다. 가격은 비싸지만 확실한 성능을 보여 주고 있어 이 분야에서 가장 앞서 있는 디바이스로 인정받고 있습니다. 2021년 3월 말에는 미국 육군과 10년간 12만 대의 맞춤형 홀로렌즈를 공급하기로 계약해 화제가 되기도 했는데, 계약 금액은 최대 218억 9,000만 달러라고 알려졌습니다. 이는 실감 기술 기반 서비스와 관련한 계약 중 최대 규모입니다. 한편 MS는 메타버스에 대한 자신들만의 비전을 발표했는데, 과거 PC 시대에서 그랬듯 메타버스 세상에서 확실한 선두 주자로 자리매김할 작정인 것 같습니다.

구글 또한 증강현실이나 가상현실과 관련해 이야기할 때 빼놓을 수 없는 기업입니다. 구글은 '익스페디션(Expedition)'이라는 교육용 AR·VR 콘텐츠 플랫폼을 출시했고, AR을 개발할 때 필요한 도구를 모은 'AR 코어'를 개발해 무료로 보급하고 있습니다. 또 VR HMD '데이드림(Daydream)'을 선보이며 가상현실 보급에도 노력 중입니다. 앞서 말씀드린 '구글 글래스'는 AR 체험 시 높은 활용 가치가 기대되는 디바이스입니다. 비록 사생활 침해 문제로 프로젝트가 잠시 중단되기도 했지만, 2019년 2세대 구글 글래스를 선보이면서 증강현실에 대한 포부가 현재 진행형임을 알려 주었습니다. 그리고 구글은 MS와 마찬가지로 '스태디아(Stadia)'라는 게임 스트리밍 서비스도 출시했는데요. 앞으로 펼쳐질 본격적인 메타버스 세상에서 큰 역할을 할 것으로 보입니다.

애플(Apple)은 현재 'ARKit'라는 AR 개발용 도구를 제공하는 등 AR에 주력하는 모습입니다. 그리고 아이폰에 라이다 스캐너를 장착해 보다 사실적인 증강현실 구현이 가능하도록 환경을 갖춰 가고 있습니다. 라이다는 빛을 이용해 주변 모습을 정밀하게 그려 내는 장치입니다. 이처럼 공간을 정밀하게 인식할수록 그 공간에 어울리도록 3D 이미지를 구현하는 것이 가능해집니다. 애플은 아이폰을 통해 몇 단계 진화한 증강현실을 보여 줄 속셈인 것 같습니다. 한편 애플은 AR 글래스와 관련된 특허를 계속 등록 중에 있습니다. 조만간 애플의 AR글래스가 세상에 선보일 것으로 보입니다. 전문가들은 애플의 AR 글래스가 출시되면 기존 애플 디바이스들과 연결되어 지금까지와는 차원이 다른 완벽한 AR 서비스가 세상에 선을 보일 것이라는 예상을 내놓고 있습니다.

이렇듯 세계적 기업들이 메타버스가 이슈가 되기 전부터 증강현실과 가상현실의 가능성에 대한 믿음을 갖고 꾸준히 투자하는 것을 확인할 수 있는데요. 지금까지 투자한 금액을 되돌려 받기 위해서라도 기업들은 메타버스가 제대로 완성될 수 있도록 최선을 다할 것입니다.

범용 기술 빅뱅

증강현실과 가상현실, 확장현실 등 실감 기술 기반 서비스로 엄청난 성공을 거둬들였다는 뉴스는 아직 나오지 않고 있습니다. 그럼에도 기업들의 투자가 계속되고 있는 이유는 무엇일까요? 앞서 우리는 메타버스가 4차 산업혁명 속 신기술들이 다수 활용되어 완성되고 있다는 것을 살펴보았습니다. 그런데 그 기술 중 상당수가 21세기에 새롭게 등장한 '범용 기술(General Purpose Technology)'로 손꼽히는 것입니다. 범용 기술은 한 국가 또는 전 지구적 차원에서 생산성 증가 등을 통해 경제에 근본적으로 영향을 미치는 기술을 말합니다. 리처드 립시(Richard Lipsey)나 케네스 카를로(Kenneth Carlaw) 같은 학자는 범용 기술이 사람들이 살아가는 방식 자체를 바꿀 정도로 파괴력이 크다고 이야기합니다. 심지어 이 기술들 때문에 인류 역사에 근본적 변화가 일어났다고 보았습니다. 기업들이 메타버스에 집중하는 것도 메타버스에 적용되는 기술들이 반드시 사회를 변화시킬 것이라는 확실한 믿음이 있기 때문입니다. 이런 관점에서 지금까지 인류 역사에 등장한 범용 기술이 무엇인지 살펴보겠습니다.

범용 기술	기간	범용 기술	기간
농업	B.C. 9000~8000	철 증기기관 배	19세기 중반
목축	B.C. 8500~7500	내연기관	19세기 후반
광석제련	B.C. 8000~7000	전기	19세기 후반
바퀴	B.C. 4000~3000	자동차	20세기
문자	B.C. 3400~3200	항공기	20세기
청동기시대	B.C. 2800	대량생산	20세기
철기시대	B.C. 1200	컴퓨터	20세기
수차	중세 초기	린 프로덕션	20세기
3본 마스트 범선	15세기	인터넷	20세기
인쇄	16세기	생명공학기술	20세기
공장 시스템	18세기 후반	비즈니스 가상화	21세기
증기기관	18세기 후반	나노 물질 기술	21세기

철도	19세기 중반	인공지능 기술	21세기

범용 기술 목록 (출처: 디지털 트랜스포메이션을 위한 비즈니스 모델링)

여러분이 생각한 바로 그 기술이 목록에 담겨 있나요? 여러분도 위의 기술이 정말 세상을 변화시켰다는 데 동의하나요? 이해를 돕기 위해 바퀴를 예로 들어 보겠습니다. 바퀴는 물건을 나르는 것에 편리함을 더해 준 기술이죠. 하지만 처음 바퀴가 등장했을 당시에는 변변한 도로가 부족했기 때문에 큰 영향력을 발휘하지는 못했다고 해요. 그러다 전쟁에 바퀴를 단 전차를 활용하면서부터 바퀴는 당대 초강대국의 흥망성쇠를 좌우하는 기술이 되었습니다. 또 다른 범용 기술인 인쇄술은 새로운 지식인 계층을 탄생시켰다는 평가를 받습니다. 그리고 인쇄술로 탄생한 새로운 지식인들의 활약으로 근대 사회가 탄생했다고 하니 범용 기술의 위력은 실로 어마어마하다고 할 수 있겠습니다.

그런데 중요한 것은 범용 기술이 21세기 들어 엄청나게 늘어났다는 점입니다. 과거 범용 기술은 1,000년에 한 번 정도 등장했습니다. 하지만 21세기 들어 범용 기술로 기대되는 기술이 벌써 20개가 넘습니다. 과연 어떤 기술이 범용 기술로 기대되고 있을까요?

범용 기술	기간	범용 기술	기간
자동차	20세기	3D 프린팅	21세기
항공기	20세기	크리스퍼	21세기
대량생산	20세기	가상·증강·혼합현실	21세기
컴퓨터	20세기	블록체인	21세기
린 프로덕션	20세기	신경망 기술	21세기
인터넷	20세기	소형 위성 기술	21세기
생명공학 기술	20세기	사물통신·산업용 사물통신	21세기
비즈니스 가상화	21세기	빅데이터	21세기
나노 물질 기술	21세기	드론	21세기
인공지능	21세기	스마트 로봇	21세기

21세기 범용 기술 후보군
(출처: 디지털 트랜스포메이션을 위한 비즈니스 모델링)

혹시 눈치채셨나요? 범용 기술 후보군에 이름을 올린 기술 중
상당수가 메타버스와 관련이 있습니다. 가상·증강·혼합현실은
물론이고, 비즈니스 가상화, 인공지능, 블록체인, 신경망 기술, 사
물통신·산업용 사물통신, 빅데이터 역시 메타버스와 밀접한 관
련이 있는 기술입니다. 21세기는 수많은 범용기술로 인해 큰 변
화가 일어날 것이 분명해 보입니다. 그리고 그 변화의 중심에는
메타버스가 자리할 가능성이 매우 높습니다.

이제 메타버스에 막대한 투자를 기울이고 있는 기업들의 행보가 이해가 되나요? 아직은 뚜렷한 성과가 없는 것처럼 보이지만, 메타버스는 범용 기술이 모여 만들어 내는 새로운 미래 그 자체일 수 있습니다. 메타버스가 또 다른 현실로 자리매김하는 것은 의심할 필요가 없어보입니다. 아직은 시작에 불과하니 앞으로 자신이 기회를 잡을 수 있는 방법을 고민하는 것이 더 바람직할 것입니다.

토론거리_4

범용 기술이 꽃피는 시점에 메타버스는 어떤 모습을 하고 있을까요? 그때 메타버스는 우리에게 어떤 영향을 미치게 될까요? 다양한 의견을 떠올려 보고 함께 토론하는 시간을 가져 보세요.

진짜 메타버스의 예고편

메타버스는 앞서 언급했듯이 그 용어적 의미를 따져 보면 초월(Meta)적인 세계(Universe)라고 이해할 수 있습니다. 지금 우리가 속해 있는 현실 세계를 '포함해' 더 넓게 펼쳐지는, 이제껏 보지 못했던 규모의 세계가 메타버스인 것입니다. 하지만 지금 우리가 메타버스라고 이야기하는 서비스들은 어딘지 귀여운 장난감 느낌이 많이 납니다. '초월적인 세계'라는 이름을 붙이는 것이 조금은 어색합니다.

최근 게임 회사 엔씨소프트의 주가가 곤두박질치는 사건이 있었습니다. 야심 차게 준비한 게임 '블레이드&소울 2'가 대중의 기대에 크게 미치지 못한 것인데요. 지나친 유료 아이템 정책도 문제지만 기대에 훨씬 못 미치는 그래픽도 문제가 되었습니다. 반면 비슷한 시기에 신작 게임 소식을 알리면서 주가가 급등한 게임 회사도 있습니다. 바로 신작 게임 '도깨비'를 준비 중인 펄어비스(Pearl Abyss)가 그 주인공인데요. 펄어비스의 신작 게임 '도깨비'는 한국적이면서도 매우 아름다운 세상을 보여 주었습니다. 게임 속에서 펼쳐지는 액션 대결 역시 무척 신나 보였습니다. 영상을 접한 많은 사람이 "그곳에서 나도 함께 놀고 싶다"는 반응을 보였습니다. 그리고 "이 정도는 되어야 메타버스라고 할 수 있지 않겠어?"라는 반응도 많았습니다. 사용자가 스스로 몰입할 수 있는 매력적인 비주얼이 메타버스에 매우 중요하다는 것을 반증하는 사례라고 볼 수 있겠습니다.

메타버스라고 하면 머릿속에 현실과의 경계가 완전히 허물어진 세상을 떠올리는 사람도 많습니다. 영화 〈매트릭스〉가 좋은 예입니다. 이 영화의 주인공 네오는 평범한 회사원입니다. 취미로 해커를 하다가 전설 속 해커 '모피어스'를 만나게 되고, "파란 알약 줄까, 빨간 알약 줄까"라는 질문을 받게 됩니다. 여기서 재미 있는 것은 지금 네오가 살고 있는 세상이 가상현실, 즉 메타버스 라는 것입니다. 현실과 가상을 혼동할 정도로 실감 날 때 비로소 메타버스로 받아들여질 수 있음을 보여 준 것이죠.

게임 '도깨비'와 영화 〈메트릭스〉에 비춰 볼 때 지금 메타버스 로 불리는 서비스들이 완성된 메타버스로 불리기 어렵다는 것을 인정할 수밖에 없습니다. 로블록스의 아기자기한 캐릭터들이 점 프하고 춤을 추고 아이템을 먹어도 현실과 혼동되는 수준은 아닙 니다. 제페토나 마인크래프트도 마찬가지고요. 어쩌면 우리는 진 정한 메타버스의 예고편을 보고 있는 것일 수 있습니다.

그런데 메타버스는 왜 이 정도 비주얼에 머물러 있는 것일까 요? 만들 수 있는 기술이 부족해서는 아닙니다. 혹시 광고계를 점령한 메타 휴먼을 보셨나요? 함께 광고에 등장한 실제 사람과 구분하기 어려울 정도로 사실적인 모습을 보여 주고 있습니다. 2009년에 발표된 영화 〈아바타〉를 보면 너무나 아름다운 가상의 세계가 펼쳐지는 것을 확인할 수 있습니다. 이처럼 이미 완성된 기술이 있음에도 메타버스에 적용하지 못하는 이유는 무엇일까 요? 그것은 사람이 가상 세계와 상호작용하는 것에는 매우 큰 기 술적 장벽이 존재하기 때문입니다.

— 3장 —

실감의 역사

1

VR, 또 다른
세상의 문이 열렸다

회오리바람을 타고 열기구에 몸을 실어 환상의 세계 '오즈'로 날아간 도로시는 마법사들을 만나 현실에서 경험해 보지 못한 환상적인 모험에 빠져듭니다. 난데없이 나타난 토끼를 쫓아 나선 앨리스는 초자연적 현상이 가득한 환상의 세계를 여행하게 됩니다. 하지만 이제는 환상의 세계를 찾아가기 위해 회오리바람이나 토끼를 기다릴 필요가 없습니다. VR HMD를 쓰고 마음에 드는 세계를 선택하면 언제든 환상의 세계가 눈앞에 펼쳐지는 세상입니다. VR, 즉 가상현실은 그렇게 꿈꾸던 세계를 현실로 만들어 주는 마법을 보여 주고 있습니다.

VR, 너와 내가 꿈꾸던 것이 현실이 되기 직전

가상현실, 즉 VR(Virtual Reality)이라는 개념이 처음 등장한 시기는 언제일까요? 1935년 미국의 SF 작가 스탠리 G. 웨인바움(Stanley G. Weinbaum)은 자신의 소설 《피그말리온의 안경》에서 '안경을 쓰면 영상, 소리, 냄새와 촉각까지 느낄 수 있는 가상현실'을 표현했습니다. 1938년 프랑스의 극작가이자 시인, 배우이며 연출가인 앙토냉 아르토(Antonin Artaud)는 자신의 수필 《The Theater and Its Double》에서 극장을 '버추얼 리얼리티'라고 칭했는데요. 이런 기록들이 VR의 시작이라고 볼 수 있을 것 같습니다.

기계장치로 가상현실을 체험하는 시도는 1930년에 등장한 '링크 트레이너(The Link Trainer)'라는 제품이 시초라고 볼 수 있습니다. 전기와 태엽을 이용해 하늘을 나는 듯 가상의 현실을 경험하게 해 주는 기계인데, 미군에서 1대당 3,500달러에 총 6대를 구입했다고 합니다.

1939~1940년 뉴욕 월드페어에 가상현실을 눈앞에 펼쳐 보여 주는 기기가 등장했습니다. 이름도 거창한 '뷰마스터(Sawyer's View-Master)'가 그것입니다. 기기 전체를 합성수지로 만들었고, 쌍안경을 들여다보는 듯한 형태였다고 합니다. 릴 형태로 감겨 있는 필름을 하나씩 넘겨 가면서 가상의 세계를 감상하는 이 기기는 당시로선 엄청난 엔터테인먼트로 각광받았습니다. 이 뷰마

전 세계적으로 히트한 가상현실 체험 기기 '뷰마스터'

스터는 전 세계적으로 100만 대가 팔려 나갔고, 가상 세계를 담은 릴은 1억 5,000만 개나 팔렸다고 합니다.

1957년 할리우드의 촬영 기사 모턴 하일리그(Morton Heilig)는 미래의 극장이라는 콘셉트로 '센서라마(Sensorama)'라는 기계를 개발합니다. 그리고 기계에서 감상 가능한 5개의 단편영화까지 만들었습니다. 25센트를 내면 이 기기를 통해 미국 맨해튼을 배경으로 오토바이를 타고 달리는 체험을 할 수 있었다고 합니다. 그런데 재미있는 것은 이 기기가 시각뿐 아니라 청각, 심지어 후각까지 자극했다는 것입니다. 관람객이 앉은 좌석이 진동하기도 했고, 선풍기 바람을 이용해 냄새를 맡게 해 주었다고 합니다. 그러나 당시에는 이 시스템의 미래를 제대로 이해해 주는 사람이 없어 추가적인 개발은 이루어지지 않았다고 합니다.

현재 가상현실을 체험하기 위해서는 HMD라는 디바이스를 머리에 써야 합니다. 이와 같은 체험 방식은 미국 유타대학교의 컴퓨터 공학과 교수 아이번 서덜랜드(Ivan Sutherland)가 개발한 것입니다. 가상현실과 증강현실 체험이 가능한 이 기기는 사용자 인터페이스나 실용성 면에서 매우 원시적이었습니다. 무게가 너무 무거워 천장에 연결해 지탱해야 했고, 화면 자체도 단순한 선으로 이루어진 공간에 불과했다고 하네요.

1977년 MIT는 컴퓨터를 통해 가상의 세계를 여행한다는 아이디어를 실현해 냈습니다. '아스펜 무비 맵(Aspen Movie Map)'이라는 프로그램을 개발한 것인데요. 지금처럼 360도로 촬영 가능한 카메라가 없었기 때문에 차량 위에 여러 대의 카메라를 달아 미국 콜로라도주 아스펜 마을을 돌아다니며 수천 장의 사진을 찍었다고 합니다. 이 사진을 이어 붙여 컴퓨터 속 가상(이미지)의 세계를 완성했고, 사용자는 화면을 터치해 아스펜 마을을 둘러보며 가상의 여행을 즐길 수 있었습니다.

1980년대 후반부터 가상현실, 비주얼 아티스트, 컴퓨터 과학, 작곡, 생명공학 등 다양한 분야의 전문가 재런 러니어(Jaron Lanier)가 '컴퓨터에 의해 제작된 몰입적인 시각적 경험'을 의미하는

▲ 일리노이대학교에서 선보인
VR 시스템 'CAVE'

◀ VPL 연구소에서 개발한 VR 기기

'가상현실'이라는 단어를 사용하기 시작했습니다. 러니어는 VPL 연구소를 세우고 가상현실 체험 시스템을 개발했는데, 당시 일반인용 VR 체험 시스템으로 선보인 'RB2'는 지금 우리가 사용하는 VR 체험 방식과 큰 차이가 없습니다. 시야를 가득 채워 현실과 단절시키는 HMD와 손동작을 인식해 가상현실에 전달해 주는 장갑을 활용하는 구조였습니다. 당시 많은 사람이 그가 관심을 갖는 방향을 따라 가상현실의 발전 방향이 결정된다고 말할 정도로 가상현실의 발전에 큰 영향을 미친 러니어는 'VR의 창시자'로 불렸습니다.

실제로 가상의 세계에 들어간 듯한 시각적 체험을 제공하는 VR 체험은 1991년에 일리노이대학교의 토머스 데판티(Thomas A. DeFanti) 등에 의해 제안된 CAVE(Cave Automatic Virtual Environment)가 유명합니다. HMD를 사용하는 것과는 또 다른 방식으로, 가로×세로×높이 각각 3m 정도의 방에 프로젝트를 사용해 이미지를 투사하는 구조입니다. 사용자는 3D 안경을 쓰고 공간 안으로 들어가 가상현실을 체험했습니다. 지금은 부족해 보이지만 그때 당시로서는 꽤 설득력 있는 VR 체험 방식이었습니다.

VR에 대한 아이디어나 기술은 거의 100년 전부터 시작되었습니다. 그때부터 수많은 사람이 제대로 된 가상현실 체험을 만들어 내기 위해 노력해 왔습니다. 이것은 아주 오래전부터 사람들에게 VR, 즉 가상현실에 대한 동경이 있었음을 의미합니다. 지금 우리가 마주하고 있는 메타버스는 100년 동안 이어 온 수많은 사람의 꿈의 결실일 수도 있습니다.

1990년대의 VR 신드롬

VR에 대한 연구는 생각보다 일찍부터 진행되어 왔습니다. 그리고 1980년대 후반부터는 지금의 VR과 유사한 가상현실 체험이 등장하기 시작했습니다. 하지만 그때 당시 등장한 가상현실 체험은 대부분 연구를 위한 것이었습니다. 가상현실을 체험하기 위해서는 어마어마한 금액을 투자해야 했기 때문인데요. 1990년대만 해도 VR을 구현하기 위해서는 5억 원 내외의 컴퓨터와 1억 원 이상 하는 HMD가 필요했습니다. 일반인이 접할 수 있는 수준이 아니었죠. 이러한 현실적 제약으로 인해 1990년대 이전에는 NASA나 미 국방부 등에서 교육용으로 VR을 활용하는 것이 전부였습니다. 'VR의 창시자' 재런 러니어가 VPL 연구소에서 선보인 일반인용 VR 체험 기기 역시 상업적으로는 실패했고요. 이러한 상황에 VR에서 새로운 기회를 발견하고 발 빠르게 과감한 투자를 결정한 쪽은 게임 분야였습니다. 컴퓨터로 구현된 가상의 세계에 완전히 몰입할 수 있는 AR의 특성이 게임 분야에서 큰 시너지를 낼 수 있을 것이라 판단했기 때문입니다.

한편 3D 이미지 제작 분야에서 주목할 만한 성과가 나옵니다. 1986년 픽사 애니메이션 스튜디오에서 '픽사 이미지 컴퓨터'라는 애니메이션 제작을 위해 설계된 고성능 컴퓨터를 이용해 〈룩소 주니어(Luxo Jr.)〉라는 단편 3D 애니메이션을 발표합니다. 〈룩소 주니어〉는 컴퓨터로 제작된 애니메이션으로는 최초로 아카데미 단편 애니메이션 부문에 후보로 오릅니다. 그리고 1988년에는 픽사에서 〈틴 토이〉라는 단편 3D 애니메이션을 발표해 컴퓨터로 제작된 애니메이션으로는 최초로 아카데미 단편 애니메이션상을 수상하기에 이릅니다. 이후 픽사는 1995년 발표한 장편 애니메이션 〈토이 스토리〉로 3D 애니메이션 역사에 한 획을 긋게 됩니다.

이처럼 1990년대에 접어들면서 3D 이미지를 제작하는 기술이 획기적으로 발전하기 시작합니다. 그리고 이들 기술을 활용해 본격적인 VR 체험 기기가 등장합니다. 1000SU, 1000CS, 1000SD, 2000SU, 2000SD 등이 당시에 등장한 VR 체험 기기입니다. 그 구성을 보면 현실과 체험자를 완전히 차단시키는 HMD, 손동작을 전달해 주는 컨트롤러, 그리고 체험자가 걷거나 쪼그리는 동작을 VR에 반영하는 시뮬레이터 등 지금의 가상현실 체험 시스템과 거의 동일한 모습입니다. 당시 VR 체험 기기는 자동차 경주, 비행기 조종, 거대 로봇 대결 등의 게임을 체험할 수 있도록 해 주었습니다.

1990년대 일본에서도 VR 열풍이 대단했습니다. 디즈니(Disney)에 버금갈 정도로 다양한 캐릭터를 보유한 일본에서 가상현실 속으로 사람들을 초대할 기회를 놓칠 리가 없었죠. '버추어 파이터(Virtua Fighter)' 시리즈로 게임시장을 휩쓸던 세가(SEGA)는 '버추어 포뮬러(Virtua Formula)'라는 VR 게임을 출시했습니다. 버추어 포뮬러는 핸들을 조작하는 대로 운전석이 움직이고 엔진 회전이 바뀌면 운전석에 진동이 오는 등 굉장히 사실적인 체험을 제공해 주었습니다. 또한 대형 화면을 활용함으로써 '세가 최초의 VR'이라는 타이틀을 얻기도 했습니다. 연이어 세가는 최대 8명이 같은 공간에서 거대한 화면을 통해 가상현실을 즐기는 'AS-1'이라는 VR 게임을 선보입니다. 이 기기의 북미 수출을 위해 '팝의 황제' 마이클 잭슨(Michael Jackson)과 제휴를 맺어 화제가 되기도 했습니다.

한편 세가의 도전정신은 HMD 개발로 이어졌습니다. 하지만 조악한 그래픽과 극심한 어지러움 때문에 실패할 수 밖에 없었습니다. 그럼에도 세가는 도전을 멈추지 않았고, HMD가 체험자의 고갯짓을 인식하는 게임 'VR-1'을 출시합니다.

일본 게임 회사들의 VR을 향한 도전은 이뿐만이 아니었습니다. 남코(Namco)라는 게임 회사에서는 28인이 함께할 수 있는 VR 게임 '갤럭시안 3'를 출시했습니다. 무려 120인치 프로젝터 16대를 활용해 360도 스크린을 구현했는데요. 좌석 또한 유압식으로 구성되어 있어 사실적인 체험을 지원해 주었습니다. 남코 역시 남다른 VR 사랑을 보여 준 회사 중 한 곳입니다. 남코에서 출시한 '릿지레이서(Ridge Racer) 풀 스케일'은 실제 자동차를 사용하고 100인치의 3면 프로젝터를 활용했습니다. 조작 방식을 매우 사실적으로 구현해 운전면허를 소지한 사람들에게 인기가 좋았다고 합니다.

현재 미국은 오큘러스 퀘스트라는 VR 기기로 사실상 메타버스 열풍을 선도하고 있습니다. 하지만 일본 역시 '플레이스테이션(PlayStation) VR'이라는 매우 매력적이고 완성도 높은 VR 기기를 출시하고 매력적인 VR 게임을 선보이는 중입니다. 어쩌면 메타버스라는 미래를 미리 앞당겨 보고 노력해 온 덕분에 기회를 놓치지 않았다고 볼 수 있을 것 같은데요. 우리는 시간의 흐름이 공평하리라는 생각을 하며 살아갑니다. 하지만 정보에 민감하고 변화를 추구하는 사람들에게 미래는 그렇지 않은 사람들보다 몇 년, 아니 몇십 년 먼저 찾아가는 것인지도 모르겠습니다. 1990년대에 메타버스 시대를 미리 준비했던 그 사람들처럼요.

갈수록 더 사실적이 되고 있다

VR은 1990년대에 이미 이슈가 되었고 막대한 자금이 투자되었습니다. 하지만 라디오나 TV처럼 사람들의 일상 깊숙이 자리매김하지는 못했습니다. 저는 그 이유가 1990년대 PC방의 모습에 숨어 있다고 생각합니다. 당시 PC방에는 엄청난 뒤통수를 자랑하는 CRT 모니터가 책상 위를 점령하고 있었습니다. 모니터 크기도 지금보다 턱없이 작았죠. 당시 VR은 아이디어도 좋고 그럴듯한 시스템도 선보였습니다. 하지만 모두가 즐기기에는 여전히 인프라나 기술이 많이 부족했습니다. 그러다 보니 1990년대에 가상현실이라는 환상적인 아이디어는 그저 '환상'에 머무를 수 밖에 없었던 것입니다.

그렇게 VR에 대한 시장의 열기가 자취를 감춰 가던 2012년 어느 날, 미국의 대표적 크라우드 펀딩 서비스 '킥스타터(Kick Starter)'에 디바이스가 하나 등장합니다. 이전과는 차원이 다른 몰입감을 선사하는 넓은 시야각의 HMD '오큘러스 리프트(Oculus Rift)'가 그 주인공입니다. 이 준수한 가상현실 체험 기기에 매료된 페이스북은 오큘러스 리프트를 개발한 '오큘러스 VR'을 무려 한화 2조 5,000억 원이라는 천문학적인 액수에 인수합니다.

페이스북이 VR HMD 제조사를 어마어마한 금액에 인수했다는 소식은 순식간에 시장 상황을 바꿔 놓았습니다. 시들했던 가상현실 열풍이 다시 타오르기 시작한 것입니다. 곧이어 등장한 HTC사의 VIVE, 앞서 말씀드린 소니(SONY)의 플레이스테이션 VR 또한 굉장히 준수한 수준의 체험을 제공해 주었습니다. VR 체험을 위한 PC와 HMD의 가격대도 엄청나게 낮아져 일반인도 접근 가능한 수준이 되었습니다. 이처럼 다시 불기 시작한 가상현실 열기에 구글과 MS, 삼성 등 글로벌 기업이 합류하기 시작했고 샤오미(XIAOMI), PICO, 폭풍마경 등 중국 기업의 VR 기기 출시가 이어졌습니다.

당시 새롭게 등장한 HMD의 성능은 다시 타오르기 시작한 VR

붐을 더욱 뜨겁게 하는 데 부족함이 없었습니다. HMD를 착용한 체험자의 고갯짓을 인식하는 헤드 트래킹(head tracking)은 기본이 되었습니다. 공간 인식 센서는 일정 규모의 공간 안에서 사용자의 동작을 인식해 가상현실 속에서 이동하는 체험을 가능하게 만들어 주었습니다. 그리고 많은 수의 HMD가 컨트롤러를 지원해 사용자가 가상현실 속에서 물건을 집거나 던지는 조작을 가능하게 도와주었습니다.

다시 불기 시작한 VR 열기 속에 등장한 가상현실 체험은 과거 VR 체험을 위해 몇억 원대의 PC와 HMD가 필요했던 것에 비해 가성비가 극적인 수준으로 개선된 모습을 보여 주었는데요. 이전보다 접근은 쉬워지고 체험은 더 정교해진 VR을 경험하며 '가심비'와 '가잼비' 또한 탁월하다는 평을 듣기 시작했습니다.

반면 디바이스의 발전에 비해 확실한 킬러 콘텐츠가 없어 아쉬움이 많았습니다. 이런 시장 분위기 속에서 2020년 3월 '하프라이프: 알릭스(Halflife: Alyx)'라는 VR 게임이 출시됩니다. 몰입감 넘치는 멋진 비주얼은 물론 VR 체험에 특화된 조작 방식을 선보여 비로소 가상현실다운 가상현실이 등장했다는 호평을 이끌어 냈습니다. 하프라이프 알릭스(Halflife Alyx)는 현재 '스팀 VR'이라는 플랫폼에서 6만 1,000원에 서비스되고 있습니다. 또한 출시 2개월 만에 1,400억 원의 매출을 올려 뜨거운 인기를 입증했습니다.

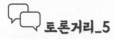 **토론거리_5**

여러분은 가상현실이 실감 나야 한다고 생각하나요? 만약 그렇다면 어떤 조건이 갖춰질 때 가상현실이 실감 난다는 말을 사용할 수 있을까요? 친구들과 함께 토론해 보세요.

2

AR, 내가 할 수
있는 것이 많아진다

아르키메데스(Archimedes)라는 고대 그리스의 수학자이자 물리학자가 목욕탕에 몸을 담급니다. 최근 왕으로부터 금으로 만든 왕관에 불순물이 섞여 있는지 알아내라는 숙제를 받아 머리가 아픈 상황입니다. 골똘히 생각에 잠겨 욕탕에 몸을 담그는 순간 그의 눈이 번쩍 뜨입니다. 그가 몸을 담그자 욕탕의 물이 넘쳐흐른 것인데요. 이를 본 아르키메데스는 "유레카(Eureka, 찾았다)!"라고 외칩니다. 그가 목욕탕에서 발견한 것은 바로 '부력의 원리'였습니다. 그리고 그것은 자신에게 주어진 난제를 해결할 비장의 해결책이었습니다. 우리 같은 일반인에게는 그저 목욕탕 물이 넘쳐흐른 것이건만, 아르키메데스는 그 안에서 원리와 해결책을 발견한 것입니다. 부럽다고요? 이제 더는 부러워하지 않아도 됩니다. 앞으로는 누구나 현상 속에 숨어 있는 해결책을 손쉽게 볼 수 있습니다. 바로 증강현실 덕분에요.

우리는 일상생활에서 다양한 질문과 마주하곤 합니다. 그리고 질문에 대한 해답을 찾기 위해 다른 사람에게 물어보거나 검색을 통해 확인하곤 합니다. 그런데 증강현실은 우리로 하여금 궁금한 상황을 바라보는 것만으로 그 속에 숨어 있는 지식과 정보를 확인할 수 있게 해 줍니다. 또한 '이렇게 되면 어떨까' 생각만 하던 것을, 현실 속에 이미지로 불러와 직접 눈으로 확인해 볼 수도 있습니다. 모든 것이 직관적이 되어 버린 세계, 현실이 자기의 속내를 다 꺼내 보여 주는 세상, 무엇이든 덧붙여 끝없이 변화하는 현실, 그것이 바로 증강현실입니다. 그래서 증강현실은 가상현실과는 완전히 결이 다른 또 다른 메타버스입니다.

현실 속 문제를 해결하고, 현실 속 정보를 드러내고

증강현실은 가상현실과 달리 현실 위로 가상을 덧붙여 보여 주는 것입니다. 건물 안에 있는 여러 상가의 정보를 보여 주거나, 동화책이나 만화책 속의 그림이나 캐릭터를 현실 세계에 겹쳐 보여 주는 것 또한 증강현실입니다. 이처럼 현실 위에 가상을 겹쳐 보이기 위해서는 다음의 과정을 거쳐야 합니다.

위치 정보를 활용한 증강현실 서비스

먼저 스마트폰 또는 태블릿 PC로 특정 장소나 사물을 비춥니다. 그러면 현재 위치의 위도·경도 정보, 기울기·중력 정보가 디바이스에 임시로 기록됩니다. 이렇게 임시로 기록된 위치 정보를 인터넷을 통해 현재 디바이스로 비추고 있는 장소나 사물에 대한 정보를 가지고 있는 시스템으로 보냅니다. 그러면 해당 시스템으로부터 그 장소나 사물에 대한 상세 정보를 전달받아 디바이스 화면에 실시간 화면으로 보여 주는 것입니다.

증강현실은 이처럼 위치 정보를 활용하는 것 이외에도 마커나 이미지를 활용하는 방법, 공간(바닥)을 인식해 3D 이미지나

캐릭터를 구현하는 방법 등이 있습니다. 현재 많은 사람이 가상현실보다 증강현실이 더 큰 가치를 만들어 낼 것이라는 전망을 내놓습니다. 애플의 CEO 팀 쿡(Tim Cook)은 증강현실을 "Next Big Thing"이라고 언급했습니다. 증강현실에 대한 시장의 예측 또한 장밋빛 일색입니다. 2020년 18조 원 규모인 증강현실 시장이 2025년에는 47조 원까지 성장할 것이라는 전망이 나오고 있습니다.

증강현실은 현재 여러 산업 분야에서 매우 효과적으로 활용되고 있습니다. 두꺼운 매뉴얼이나 설명서를 숙지해야만 가능했던 일이 증강현실을 통해 훨씬 효율적으로 처리되고 있는 것입니다. 폭스바겐(Volkswagen)에서는 거대한 규모의 공장에서 일을 하다가 길을 잃는 상황이 종종 발생했습니다. 이 문제를 해결하기 위해 인사이더 내비게이션(Insider Navigation)이라는 기업의 AR 시스템을 도입했습니다. 이를 통해 특정 기계에 도달하는 경로를 확인하고 작업 진행에 필요한 정보를 증강현실로 확인할 수 있게 되었습니다. 이후 점검 속도가 월등히 빨라지고, 남아 있는 물품의 수량을 파악하는 데도 큰 도움을 받았다고 합니다.

증강현실은 불의의 사고를 대비하는 데 활용되기도 합니다. 스마트 글래스 제조사 ODG는 항공기에 화재 등 사고가 발생했을 때 사용하는 산소마스크에 증강현실 기술을 적용하고, 이를 통

증강현실과 산업의 행복한 만남

해 위급한 상황에서 벗어날 수 있는 시스템을 개발했습니다. 구동 원리는 다음과 같습니다. 비행기 내에 화재나 매연이 발생하면 비행기 조종사의 시야를 가려 비행기 제어 화면이 잘 보이지 않게 됩니다. 이때 ODG가 개발한 산소마스크를 쓰면 비행기 제어장치와 항공기 외부 지형, 활주로 정보 등이 마스크 내부에 표시됩니다. 실제로 항공기 내에 연기나 매연, 화재로 인해 비상착륙하는 일이 매일 1회 정도는 발생하고 있는 상황이라고 합니다. 증강현실 덕분에 만약의 상황에 대비해 안전한 비상 탈출구를 확보할 수 있게 된 것입니다.

거대한 트럭 이미지를 실제 크기로 불러와 실제 제작 전 테스트를 진행하는 데에도 증강현실이 활용되고 있습니다. 이는 과거 찰흙 모델로 진행했던 것을 증강현실로 대체한 것입니다. 그에 따라 모형 제작에 따른 비용을 줄이는 효과가 있었고, 트럭을 연구하고 설계하는 과정이 3개월이나 단축되었다고 합니다. 항공기를 만드는 보잉(Boeing)도 증강현실을 도입했습니다. 복잡한 배선 작업에 증강현실을 활용해 시간 절약은 물론 수리 과정 자체를 25% 정도 감소할 수 있었다고 합니다.

이처럼 증강현실은 그동안 불편해도 감수했던 문제점을 직관적 방식으로 알기 쉽게 해결해 주고 있습니다. 앞으로 여러분이 살게 될 미래 세계는 각종 정보와 해결 방법이 현실 세계 위에 네온사인처럼 노출되는 증강현실 천국이 될지도 모릅니다.

포켓몬, 보지만 말고 잡으세요!

2016년 속초, 많은 사람이 약속이나 한 듯 스마트폰을 든 채 우르르 몰려다녔습니다. 목적은 몬스터를 잡는 것이었죠. 당시 대유행했던 '포켓몬 GO'가 만들어 낸 광경입니다. 지금껏 보지 못했던 현상이라 연일 뉴스에 나왔고, 수많은 전문가가 이 현상에 대한 분석을 내놓았습니다. 이러한 현상이 특정 지역에서만 일어난 것은 보안 문제로 속초에서만 포켓몬 GO를 즐길 수 있었기 때문이었습니다.

당시 포켓몬 GO에 열광한 것은 비단 우리나라만의 이야기는 아닙니다. 전 세계가 몬스터 사냥으로 들썩거렸습니다. 미국 뉴욕의 센트럴 파크에 희귀 포켓몬이 등장한다는 소문이 퍼지자 엄청난 인파가 몰려들어 인근 교통이 마비되기도 했습니다. 길거리를 걸어 다니거나 차량을 운전하면서 몬스터를 잡는 사람들 때문에 운전 중에는 포켓몬 GO를 자제해 달라는 교통 신호가 등장하기도 했습니다. 영국에서는 10대 청소년들이 포켓몬 GO를 플레이하던 중 동굴에 들어갔다가 길을 잃는 사고가 발생하기도 했습니다. 다행히 구조되었지만 당시 포켓몬 GO의 인기가 어느 정도였는지 잘 알 수 있는 사건이었습니다. 2019년에 집계된 자료에

세계적으로 엄청난 인기를 끈 AR 게임 '포켓몬 GO'

의하면 포켓몬 GO의 다운로드 수는 5억 건이 넘었고, 2018년도 매출은 9,144억 원에 달했습니다.

포켓몬 GO의 성공 이후 많은 캐릭터가 증강현실의 힘을 빌려 현실 세계로 쏟아져 나오기 시작했습니다. 20세기 최고의 우주 대서사시 〈스타워즈〉의 제다이와 빌런이 영화 〈스타워즈: 라스트 제다이〉 개봉을 맞아 증강현실을 통해 전 세계 매장과 온라인 스 폿에 강림했습니다. 해당 이벤트의 이름은 'FIND THE FORCE!' 였습니다. 그뿐만 아니라 '해리포터'와 그 친구들 또한 증강현실 이라는 마법을 통해 현실 세계에 등장했습니다. 이들을 호출한 업체는 다름 아닌 포켓몬 GO를 개발한 게임사 나이언틱(Niantic) 이었습니다. 일본에서도 증강현실 열풍이 불었습니다. 일본의 국 민 게임으로 불리는 '드래곤 퀘스트'의 AR 버전이 출시되는 등 다 양한 캐릭터가 현실로 넘어왔습니다. 대한민국에서는 〈알함브라 궁전의 추억〉이라는 AR 게임 소재 드라마가 등장해 많은 사람이 증강현실에 관심을 갖는 계기가 마련되기도 했습니다.

'백문(百聞)이 불여일견(不如一見)'이라는 말이 있습니다. '백번 듣는 것보다 한 번 보는 것이 낫다'라는 뜻입니다. 글자로만 접하 던 것을 증강현실로 눈앞에 펼쳐 보이자 훨씬 더 효율적인 세계 가 만들어진 것을 보면 틀린 말이 아닌 것 같습니다. 포켓몬 GO 는 여기서 한 걸음 더 나아갑니다. 아마도 '백견(百見)이 불여일행

(不如一行)'이라는 말이 어울릴 것 같은데요. '백번 보기보다 한 번 해 보는 것이 낫다'는 것이죠. 즉 듣는 것보다는 보는 것이, 보는 것보다는 해 보는 것이 훨씬 더 질 좋은 체험이 된다는 의미입니다. 이처럼 포켓몬 GO는 가상을 불러와 보는 것까지가 증강현실이 갖는 매력의 전부가 아님을 알려 주었습니다. 현실 속에 호출된 가상과 더불어 상호작용할 때 증강현실의 매력은 비로소 완성된다는 것을 일깨워 준 것입니다.

증강현실에 한계가 있을까?

증강현실이 더욱 사실적이 되기 위해서는 가상 이미지가 더 사실적이고 매력적일 필요가 있습니다. 이와 더불어 현실을 더욱 정밀하게 파악하는 것 또한 필요합니다. 앞서 애플이 아이폰에 라이다 스캐너를 장착했다는 말씀을 드렸는데요. 라이다를 탑재한 아이폰으로 스냅챗(Snapchat) AR 렌즈 앱을 사용하면 굉장히 섬세한 증강현실이 펼쳐집니다. 테이블과 바닥에 가상의 꽃과 풀이 피어나기도 하고, 가상의 새가 사람 얼굴을 향해 날아와 사람 뒤로 지나갈 때 사람에 새가 가려지는 것까지도 표현이 가능합니다. 그리고 사람 손바닥에 정확히 날아와 앉는 모습까지도 구현이 가능하죠. 이러한 모습은 디바이스가 현실 공간 속 사물과 사람, 공간의 구조를 정확하게 인식해 정보를 반영해 주기 때문

현실과 더 깊게 교감하는 증강현실을 가능하게 해주는 라이다 기술

에 가능한 것입니다.

한편 증강현실과 인공지능이 결합해 보다 스마트한 증강현실
이 개발되고 있는 중입니다. 현실을 보다 잘 이해하여 지금 상
황에 적절할 사물이나 제품을 추천해 주는 것이죠. '어반베이스
(Urbanbase) AR'은 홈 인테리어 증강현실 앱입니다. 공간을 4가지
유형으로 구분하고, 공간 속 사물을 90여 종까지 인식할 수 있어
먼저 공간을 파악한 다음 해당 공간에 어울릴 만한 인테리어 제
품을 추천해 주는 것이죠.

증강현실은 현실에 가상을 덧입히는 것입니다. 그런데 현실

속 사물을 간편하게 가상화해 또 다른 현실 위로 덧붙이는 앱이 등장했습니다. 프랑스의 디자이너 겸 프로그래머인 시릴 디아뉴 (Cyril Diagne)가 개발한 'AR 카피 페이스트' 앱이 바로 그것입니다. 이 앱은 카메라로 물체를 인식한 다음 배경을 간단히 제거해 증강현실 구현을 위한 소스로 활용할 수 있게 해 줍니다. 수많은 물체에 대한 학습을 거친 인공지능 덕분에 단 몇 초 만에 이미지를 배경과 분리시켜 소스를 확보할 수 있는데요. 같은 원리로 책에 있는 글자를 인식해 문서 작업에 활용하도록 디지털화된 텍스트로 전환하는 것도 가능하다고 합니다.

뷰티 산업에서 증강현실과 인공지능을 접목하는 것은 이미 핫한 아이템입니다. 2018년 세계적 화장품 브랜드 로레알(L'Oréal)이 인수한 AR 뷰티 앱 '모디페이스(ModiFace)'는 인공지능을 활용해 고객의 얼굴 특징과 색상을 분석한 다음 증강현실로 메이크업이나 피부 진단 서비스를 제공해 줍니다. 이제는 나를 더 잘 알아주는 인공지능과 미리 앞당겨 가상을 덧대어 현실화해 주는 증강현실로, 구매 전에 최적의 제품을 확인할 수 있게 된 것입니다. 로레알은 이러한 서비스 덕분에 온라인 매출이 40%가량 급증하는 효과를 보았다고 합니다.

증강현실은 현실에 가상을 덧입혀 완전히 새로운 경험을 제공해 줍니다. 문제 상황에서는 해결책을 확인할 수도 있습니다. 내

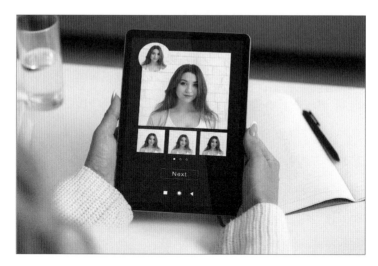

증강현실을 이용한 고객 서비스를 선보이는 뷰티 산업

가 좋아하는 캐릭터를 현실로 불러와 상호작용을 해 보는 것은 물론, 제품을 구매하기 전에 미리 사용했을 때의 모습을 확인할 수 있게 도와주기도 합니다. 이 모든 것이 현재 우리 주변에서 벌어지고 있는 증강현실을 활용한 변화입니다. 앞서 말씀드렸듯이 기술은 계속해서 발전해 가고 있습니다. 증강현실이 가져다주는 편리함은 이제 겨우 시작 단계에 불과합니다.

3

MR·XR, 혼자 하지 말고
실시간으로 하자

가상현실은 몰입감 있는 가상의 세계를 보여 줍니다. 증강현실은 무엇이든 불러와 함께 할 수 있도록 만들어 줍니다. 아직까지는 이런 것이 조금 신기해 보입니다. 하지만 시간이 좀 지나면 이런 것이 더는 신기하지 않을 때가 올 것입니다. 그때 가상현실과 증강현실은 '의미 있고 효과적이다'라는 반응을 이끌어 낼 수 있어야 할 것입니다. 어떻게 그럴 수 있을까요?

〈홀로그램 포 더 킹〉(2016)이라는 영화가 있습니다. 사우디아라비아의 왕족에게 '홀로그램'을 판매하는 세일즈맨의 이야기로, 영화의 클라이맥스에 홀로그램의 우수성을 알리기 위해 왕 앞에서 시연을 벌이는 장면이 나옵니다. 왕이 앉아 있는 자리 앞 무대

위로 바다 건너 본사에 있는 직원이 홀로그램으로 등장합니다. 그는 현장에 나와 있는 직원과 잔을 마주치며 축배를 듭니다. 그런데 갑자기 홀로그램으로 등장한 본사 직원이 현장에 있는 직원을 향해 무언가를 집어던집니다. 하지만 현장 직원이 맞을 리가 없죠. 곧바로 상황에 맞춰 왕의 구매욕을 자극하기 위한 광고 멘트가 나옵니다. "막대기와 돌로 제 뼈를 부러뜨릴 수 있겠지만 홀로그램은 절대로 절 해치지 못합니다." 이어 홀로그램으로 등장한 직원과 현장 직원이 함께 춤을 추고, 이 광경을 보고 있던 왕은 박수를 보냅니다.

이 장면들은 메타버스의 효과성을 이해하려는 우리에게 중요한 시사점을 제공합니다. 바로 '동시성'과 '실시간성'입니다.

혼자만 경험하기보다는

유니티(Unity)의 CEO 존 리치텔로(John Riccitiello)는 메타버스가 "다양한 사람들이 운영하는 공간에 다양한 사람들이 방문하며 살아가는 일종의 소우주 같은 것이 될 것"이라고 말했습니다. 가상의 이미지나 공간도 중요하지만 그 안에서 이뤄지는 사람들의 관계가 더 중요할 수 있다는 이야기입니다. 내가 보는 가상의 세계를 다른 사람도 볼 수 있고, 그 가상의 세계에서 함께 영향을 주고받을 수 있다면 더불어 살아간다는 말을 할 수 있지 않을까요? 이런 것이 가능하냐고요? 네, 가능합니다.

홀로렌즈는 현재 2세대까지 나왔고 고품질로 시장을 선도한다는 MS의 전략으로 인해 대당 가격이 거의 500만 원을 호가하는 고가 장비입니다. 홀로렌즈 2는 어떤 기능이 있을까요?

홀로렌즈 2는 자체적으로 구동이 가능합니다. 그리고 별도의 컨트롤러 없이 손으로 직접 가상의 인터페이스를 조작하도록 고안되었습니다. 다양한 센서를 탑재한 덕분에 현실 공간을 보다 정확하게 인식해 주어 가상의 이미지를 현실 위에 제대로 얹힐 수 있습니다. 눈의 움직임 또한 실시간으로 추적해 맞춤화된 이미지 체험을 제공해 줍니다. 이때 가상 이미지를 굉장한 해상도로 보여 주는 것은 물론, 더욱 넓은 각도로 펼쳐 보여 줄 수 있어 매우 높은 몰입감을 제공합니다. 한편 MS 오피스 등 사무용 소프트웨어나 콘텐츠 분야에서 세계 최고로 꼽히는 MS의 제품답게 다양한 가상의 업무 환경을 체험할 수 있습니다.

그런데 여기까지는 증강현실과 큰 차이가 없어 보이는 게 사실입니다. 하지만 많은 전문가가 유독 홀로렌즈를 설명할 때 표현이 엇갈리곤 합니다. 누구는 AR을 지원하는 기기라고 하고, 또 다른 누군가는 MR을 지원하는 기기라고 이야기합니다. 오히려 MR 체험이 가능하다는 전문가가 더 많아 보이는 상황입니다.

이런 혼선이 생기는 이유는, 홀로렌즈가 증강현실이라는 기술

홀로렌즈가 제공하는 경험은 AR일까, MR일까?

에 다소 결핍된 무언가를 해소해 주었기 때문일 것입니다. 홀로
렌즈는 현재 산업용으로 많이 도입되고 있습니다. 특히 미군에
서 대대적인 도입 계획을 세우고 큰 규모의 계약을 맺어 화제가
되었습니다. 군인들은 홀로렌즈로부터 야간 투시경, 적외선 카
메라, 적 위치 강조 표기, 조준경 기능을 제공받습니다. 또한 지
도 및 방위각 표시, 분대별 데이터 표시, 외국어 번역 등의 기능
까지 제공받게 되는데요. 마치 '자비스'의 도움을 받으며 종횡무
진으로 활약하는 아이언맨이 겹쳐 보이는 건 저만의 생각은 아
닐 것입니다.

그런데 홀로렌즈를 쓴 군인들이 통신 기능을 통해 전장의 정보를 시각적으로 표현한 정보와 표적 등을 '실시간'으로 '공유'한다고 합니다. 홀로렌즈가 MR, 즉 혼합현실(Mixed Reality)을 지원하는 기기라는 평가를 받는 이유가 바로 이것인데요. 적게는 몇십 명, 많게는 몇백, 몇천 명에 달하는 군인이 홀로렌즈 2를 통해 현실보다 한층 업그레이드된 자신들만의 증강현실을 공유하게 되는 것이죠. 그 효과는 그야말로 파괴적이지 않을까요?

두 편의 영화를 상기하면 좋을 것 같습니다. 먼저 〈제로 다크 서티〉(2012)라는 영화가 있습니다. 이 영화는 테러리스트 오사마 빈 라덴(Osama bin Laden) 사살 작전을 수행하는 과정을 다루는데요. 영화 속 군인들은 작전 당일, 야간 투시경을 쓰고 어둠을 뚫고 들어가 긴밀하게 무전을 하며 어렵사리 작전을 성공시킵니다. 그런데 만약 작전에 투입된 군인들이 각각 홀로렌즈를 착용하고, 이를 통해 중계되는 현장 상황을 중앙 통제실에서 종합해 필요한 정보를 덧입혀 보여 주면서 작전 지시를 내린다면 어떻게 될까요? 실패율 0%의 작전 수행이 가능하지 않을까요?

〈아이 인 더 스카이〉(2015)는 공유되는 이미지의 파괴력이 어떠한지를 매우 사실적으로 알려 주는 영화입니다. 영화는 드론으로 폭격을 가해 자살 폭탄 테러를 막는 작전을 수행하는 과정을 보여 주고 있습니다. 드론으로 공격을 가할 현장을 조망하고, 그에 대한 판단을 내리는 장면이 교차됩니다. 돌발 상황이 발생하며 매우 긴박한 순간도 지나갑니다. 드론은 아프리카 케냐에 떠 있습니다. 작전을 지휘하는 수장들은 영국에 있고, 드론을 조종하는 조종사는 미국에 있습니다. 그저 공중에서 바라보는 '뷰' 하나 공유했을 뿐인데, 영국과 미국에서 총알 피할 일 없는 전쟁을 수행하는 상황이 되어 버린 것입니다.

위에 언급한 두 편의 영화를 통해 우리는 어떤 사실을 확인할 수 있을까요? 디바이스를 통해 증강현실을 공유하는 혼합된 현실은 엄청난 효율성을 제공할 수 있다는 것입니다. '새로운 것'을 넘어 '가치 있는 것'이라 불릴 자격을 얻는 것이죠. 그래서 사람들은 굳이 이런 공유되는 증강현실을, MR이라는 별도의 용어를 사용해 이름 붙이는 것인지도 모릅니다. 기술이 한 차원 더 성장했다는 증표로 말이죠.

확장현실은 생방송 중

AR, VR, MR, XR까지 다양한 R(Reality)이 기술의 발전과 더불어 등장하고 있습니다. 그런데 MR과 XR은 AR과 VR처럼 명확히 구분되지는 않습니다. 또 때로는 날로 늘어 가는 현실을 아우르는 용어로 어떤 사람은 MR을, 또 어떤 사람은 XR을 꼽기도 합니다. 우리가 지금 이야기를 나누는 것은 용어의 개념을 정립하기 위함은 아닙니다. 새로운 기술로 달라질 미래를 알아 가는 것이 목적인 만큼, 각 용어가 품고 있는 두드러진 특징에 주목해 여러 현실 서비스를 살펴보고자 합니다.

2020년 미국의 유명 오디션 프로그램 〈아메리칸 아이돌(American Idol)〉의 피날레 무대에 세계적인 톱스타 케이티 페리(Katy Perry)가 등장합니다. 가수 혼자, 다소 심심한 디자인의 핫 핑크 드레스를 입고 의자에 앉아 노래를 시작합니다. '이게 무슨 콘셉트지?' 하는 생각이 드는 순간 무대가 갈라지기 시작합니다. 곧이어 완벽히 핑크로 도배된 무대로 변신하더니 층이 하나 내려옵니다. 그러다가 공간이 부서지고 가수가 발 디딜 공간만 겨우 남은 상태에서 데이지 꽃이 바닥을 부수고 솟구쳐 오릅니다. 가수의 발아래로는 구름이 자리하고요. 잠시 구름을 타고 다니던 가수는 다시 처음의 무대로 돌아와 노래를 마치고 무대는 끝이 납니다.

얼핏 보면 잘 짜인 시나리오를 따라 가수가 연기한 것을 촬영한 다음 CG를 합성한 것처럼 보이기도 합니다. 그런데 그런 것이 아니었습니다. 실시간으로 진행된 상황이었고, 가수는 공간 변화를 모두 직접 보면서 노래를 불렀습니다. 그렇다고 기계장치가 있어 무대가 물리적으로 벌어지고 좁아진 것도 아닙니다. 모든 것은 가상 이미지를 통해 구현해 낸 확장된 현실이었습니다.

이 상황은 몇 가지 기술이 결합된 결과물입니다. 먼저 고도로 발달된 LED 스크린이 가수 뒤에서 가상의 세계를 또 다른 현실처럼 비춰 줍니다. 그다음 최첨단 카메라가 공간 변화와 공간 속 사람의 움직임을 쫓아다니며, 가상과 현실이 완벽히 결합되도록 쉼 없이 데이터를 제공합니다. 그렇게 카메라가 공간 변화를 추적하는 내내 실시간 랜더링 기술이 상황에 맞춰 3D 이미지를 변형시켜 제공해 주는 역할을 담당합니다. 가상으로 확장된 현실 속에 사람의 앞, 옆, 뒤, 위, 아래로 사물이 움직이는 것은 증강현실이 책임을 집니다. 그리고 이 모든 것을 하나의 영상으로 완성해 실시간으로 제공하는 것은 컨트롤 타워가 되는 XR 시스템의 몫입니다.

〈아메리칸 아이돌〉의 피날레 무대를 장식한 이 기술은, '확장현실'이라는 이름으로 방송이나 공연에서 주로 활용되고 있습니다. 약속된 시나리오를 따라 맞춤화된 3D 이미지를 입히고 잘 훈련된 체험자를 배치하면 언제든 확장된 현실을 실시간으로 보여 줄 수 있는 방식입니다. 이는 극사실적인 3D 그래픽 적용이 가능하기 때문에 현실과의 구분이 어려울 정도로 몰입감 높은 가상현실을 구현할 수 있다는 장점이 있습니다. 또한 압도적 몰입감을 선사할 수 있기 때문에 할리우드에서 SF 영화를 제작할 때 이 기술을 활용하기도 하는데요. 〈스타워즈〉 스토리 중 한 줄기를 드라마화한 〈만달로리안〉(2019) 역시 이 기술을 활용해 제작

실시간으로 압도적 비주얼을 선보일 수 있는 '확장현실'

되었다고 합니다.

이처럼 현실과 구분하기 힘들 정도로 사실적인 영상이 실시간
으로 방송된다면 어떤 일들이 가능할까요? 최근 〈오징어 게임〉
에 이어 전 세계를 강타한 넷플릭스 오리지널 드라마 〈지옥〉에
그 해답이 들어 있다고 생각합니다. 드라마 속에서 세상은 지옥
의 사자들이 현실 속 사람을 지옥으로 이끌어 가는 심판의 자리
를 생중계하는 순간을 기점으로 완전히 달라지게 됩니다. 이는
세상과 지옥을 대하는 사람들의 믿음이 눈에 보이는 심판의 상

황을 따라 완전히 변화되었기 때문입니다. 이처럼 사람은 눈으로 보는 것을 믿어 버리는 경향이 있습니다. 따라서 압도적 몰입감을 선사하는 확장현실 기술을 사용하면 사람들의 믿음을 바꿔 버릴 수도 있습니다. 만약 이런 기술이 조금 더 발전해 촬영 현장에서 촬영 중인 상황을 바라보는 사람들까지도 현실과 혼동될 정도의 기술력을 발휘하게 된다면? 우리는 수많은 상상의 결과물을 현실로 가져와 "이것도 현실이다. 믿어라!"라고 말하게 될지도 모릅니다. 왜냐하면 사람들이 그것을 보는 순간 믿지 않을 수 없게 되기 때문입니다.

아직도 메타버스를 귀여운 아바타들이 뛰어노는 가벼운 체험 콘텐츠에 불과한 것으로 생각하실지 모르겠습니다. 하지만 앞서 살펴보았듯이 실감 나는 또 다른 현실을 만들어 내는 기술은 꾸준히 발전해 왔고 앞으로도 발전할 것입니다. 아직은 진짜 실감 나는 세상 속에서 생활하는 것은 불가능합니다. 그러나 실감 나는 세상을 연출하거나 그 세상의 주인공이 되어 세상 가운데 자신을 드러내는 것은 지금도 이미 가능합니다. 모쪼록 여러분이 이런 거대한 기회를 과소평가하는 실수를 범하지 않았으면 좋겠습니다. 제대로 기회를 잡은 누군가가 생중계 가능한 확장현실 기술을 활용해 소극적 선택을 한 우리에게 다른 믿음을 주입할지도 모를 일이기 때문입니다.

— 4장 —

메타버스를 제대로
즐기기 위한 모든 것

1
더 질 좋은
체험을 위한 여정

과거 〈아바타〉(2009)라는 영화가 개봉했을 때의 일입니다. 당시 일반 상영관과 3D 상영관 중 원하는 관을 선택해서 입장할 수 있었습니다. 애초에 3D로 만들어진 영화를 제대로 즐기려면 돈을 조금 더 내고 특별히 마련된 상영관에 3D 안경을 쓰고 입장해야 했던 겁니다. "요즘 누가 극장 가요?"라고 말할 분도 있겠습니다. 하지만 IMAX 영화관 예매가 추석 연휴 귀경 열차표를 예매하는 것만큼이나 어려운 것을 보면 '제대로' 보는 것에 대한 바람은 여전히 유효한 것 같습니다. 새롭게 등장하는 실감 기술 기반 서비스는 진짜 현실과 혼동을 일으킬 정도로 실감 나는 모습으로 발전해 가고 있습니다. 그런데 앨리스도 도로시도 울고 갈 만큼 환

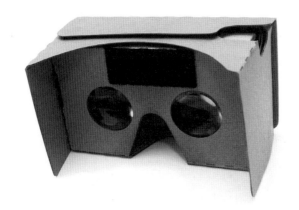

카드보드 정도로는 메타버스를 완성할 수 없습니다.

상적인 세계를 체험하는 데 널빤지로 된 카드보드 하나 쥐어 준다면 너무 맥 빠지는 일 아닐까요? 메타버스는 현실과 혼동될 정도로 몰입감 있는 세계와 그에 걸맞은 질 좋은 체험 기술이 함께할 때 비로소 완성될 수 있습니다.

메타버스를 가장 잘 표현한 영화로 많은 사람이 〈레디 플레이어 원〉(2018)을 꼽습니다. 영화에 등장하는 가상현실 '오아시스'를 즐기는 모습이 매우 흥미롭게 펼쳐지기 때문이죠. 거기다 다양한 캐릭터가 총출동해 전쟁을 벌이는 장면은 '어서 저런 세상이 펼쳐졌으면 좋겠다'는 바람을 갖게 만들어 줍니다. 그런데 영화 속 주인공이 가상현실 세계로 들어가기 위해 준비하는 과정이 무척 흥미롭습니다. 먼저 목걸이를 목에 겁니다. 그러자 목걸이에서 레이저가 나와 주인공을 스캔합니다. 아마도 메타버스에 주인공이 등장함을 알려 주는 장치로 보입니다. 그다음 장갑을 끼고 허리에 벨트를 두릅니다. 이후 바닥이 열리고 러닝머신이 올라오면 그 위를 달리며 가상현실을 누빌 준비가 제대로 되었는지 점검합니다. 마지막으로 날렵한 형태의 HMD를 착용하면 준비 완료. 이제 재미없는 현실을 벗어나 짜릿한 재미를 누리는 '오아시스'에서의 삶이 시작됩니다.

영화가 보여 주는 메타버스를 즐기는 방법은 여기서 끝이 아닙니다. 4D 효과가 적용된 전신 슈트를 입으면 가상현실에서의 경험이 피부로 전달되고, 체인으로 체험자를 연결해 체험자의 동작 하나하나가 메타버스에 반영되게 만들어 줍니다. 안마 의자처럼 생긴 기기에 들어가 앉아 메타버스를 누비는 사람도 등장하고, 차량처럼 생긴 기기에 올라타 가상현실을 질주하는 장면도 나옵니다. 이처럼 〈레디 플레이어 원〉은 가상현실 세계를 멋지게 보여 주는 것에서 그치지 않습니다. 메타버스를 누비는 데 어떤 기술이 필요한지까지도 사실적으로 묘사하고 있습니다. 이런 사실적 디테일이 〈레디 플레이어 원〉을 메타버스를 제대로 표현한 영화로 평가받게끔 만들어 준 중요한 이유일 것입니다. 영화를 보면서 이런 생각을 해 봤습니다. '그래, 저 정도는 되어야 메타버스를 제대로 즐길 수 있을 것 같아.' 그리고 기쁜 소식은 현재 영화 속 주인공처럼 메타버스를 제대로 즐기기 위해 필요한 기술이 착실하게 개발되고 있다는 것입니다.

개봉 박두! 글래스 전쟁

제가 교육부의 실감 콘텐츠 개발 사업에 참여했을 때 학교에서 효과적으로 사용되는지를 테스트하기 위해 한 학교를 방문한 적이 있습니다. 학교에서는 태블릿 PC로 증강현실 콘텐츠를 체험하고 있었는데, 이게 여간 불편한 게 아니었습니다. 체험하랴, 필기하랴, 선생님 말씀 들으랴, 너무 바쁜데 태블릿 PC가 자꾸 걸리적거리는 것이었습니다. 태블릿 PC가 가벼운 무게는 아니니까요. 그럼 스마트폰은 어떠냐고요? 생각해 보세요. 코딱지만 한 액정으로 겹쳐 보는 세상을 증강현실이라 부르는 게 맞을까요? 결국 이런 결론을 내리지 않을 수 없었습니다. '태블릿 PC와 스마트폰은 증강현실을 체험하는 데 적합한 도구가 아니다.' 그럼 뭐가 정답이냐고요? 사실 정답에 가장 가까운 디바이스는 2014년에 이미 출시되었습니다. 바로 '구글 글래스'입니다. 이름 그대로 구글에서 출시한 증강현실 기능을 적용한 '안경' 형태의 기기입니다. 겹쳐서 '보는 것'에 이보다 더 좋은 체험 방식이 있을까요?

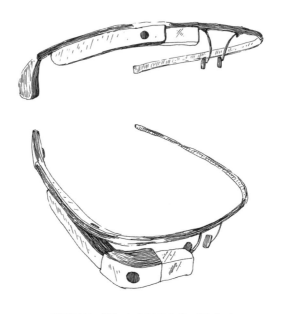

증강현실 체험 기기로 각광받는 '글래스'

구글 글래스는 첨단의 증강현실 체험 기기로서 많은 주목을 받았습니다. 시간, 날씨, 전화, 메시지, 길 안내, 일정 관리, 상품 위치 안내 등 안경 하나로 무수히 많은 것을 보고 활용할 수 있었습니다. 하지만 개인 사생활을 침해할 것이라는 우려가 너무 컸습니다. 우려를 넘어 공포 수준으로 부정적 감정이 커져 갔고요. 실제로 미국 시애틀의 '5 포인트 카페'라는 곳에서는 구글 글래스 사용을 금지하기도 했습니다. 또한 구글 글래스를 쓰고 있던 사람이 공격을 받는 안타까운 사건이 발생하기까지 했습니다. 하지만 많은 우여곡절에도 불구하고 2019년에 버전 업된 제품이 등장한 것을 보면 발전의 흐름을 제대로 짚은 선구적 '물건'임에는 틀림이 없는 것 같습니다.

현재 메타버스에 가장 진심인 기업은 페이스북입니다. 얼마 전에는 기업 이름을 아예 메타(Meta)로 바꿨습니다. 그리고 메타도 '레이벤 스토리(Ray-Ban Stories)'라는 글래스를 선보였습니다. 버튼을 눌러 사진이나 30초짜리 영상을 촬영한 뒤 페이스북 등에 업로드할 수 있고, 블루투스 스피커로 음악 감상이나 팟 캐스트 재생, 전화 통화도 가능하다고 합니다. 그뿐만 아니라 "헤이 페이스북!" 하고 부르면 특정 기능을 수행한다고 하네요. 충전은 6시간마다 케이스를 통해 하면 되고요. 그리고 구글 글래스의 실패를 교훈 삼아 개인 정보 보호에 심혈을 기울였다는 후문입니다. 다양한 기능은 물론 디자인도 멋져 패션 아이템으로도 손색없을 법한 스마트 글래스, 하나쯤 갖고 싶은 건 저만의 생각일까요?

우리나라의 LGU+에서도 중국의 엔리얼(Nreal)과 손잡고 스마트 글래스를 출시했습니다. 저도 용산에 있는 LGU+ 본사에서 해당 제품을 체험했는데, 무척 가볍고 선명하다는 느낌을 받았습니다. 최근에 출시된 '엔리얼 에어(Nreal Air)'는 무게가 76g으로 더 가벼워졌고, 디스플레이 역시 많이 개선되어 6m 거리에서 최대

201인치, 4m 거리에서 최대 130인치짜리 가상 디스플레이로 영상 감상이 가능하다고 합니다. 이 밖에도 샤오미, 뷰직스(VUZI) 등 여러 기업에서 다양한 글래스가 출시되었거나 출시를 준비 중입니다. 앞서 살펴본 MS의 홀로렌즈 역시 스마트 글래스 중 하나라고 할 수 있습니다.

앞서 '체육관 고래 비상 쇼'로 어마어마한 투자금을 유치한 매직리프 역시 글래스 형태의 디바이스를 선보이는 중입니다. 아니, 매직리프야말로 창업 이래 지금까지 오로지 증강현실 장비 개발 외길을 걸어오고 있다고 할 수 있습니다. 이들은 각고의 노력 끝에 2019년 '매직리프 1'을 출시했는데, 결과적으로는 쫄딱 망한 분위기입니다. 당시 연간 10만 대 판매를 목표로 삼았지만 6개월 동안 6,000대를 판매하는 데 그쳤다고 하니 말입니다. 가격은 한화 272만 원(크리에이터 에디션 기준)으로 어마어마한 데 비해 겨우 2~3시간 정도 사용할 수 있어 전혀 상품 가치가 없었기 때문입니다. 매직리프는 이에 굴하지 않고 최근 '매직리프 2'를 발표했습니다. 메타버스 관련 시각 기술에서 가장 많은 특허를 출원한 기업답게 결국 성공을 거둘 수 있을지 무척 궁금해지는 대목입니다.

끊임없는 신제품 개발이 이어지고 있는 스마트 글래스 시장, 커 가는 기대에 비해 아직은 이렇다 할 히트작이 없어 어수선한 상황입니다. 하지만 조만간 이런 상황을 깔끔히 정리할 '끝판왕'이 등장할 것 같습니다. 바로 IT 기기의 최고수 애플이 스마트 글래스를 준비 중이라는 소식이 들려오기 때문입니다. 어지간한 완성도가 아니면 정식 출시를 하지 않는 애플답게, 관련 특허를 출원하면서 차근차근 준비해 나가는 분위기인데요. PC, 노트북, 스마트폰, 스마트 워치, 태블릿 PC 등 강력한 IT 디바이스 생태계를 갖춘 애플에서 출시되는 스마트 글래스는 어떤 미래를 만들게 될까요? 어쩌면 모든 스마트한 경험을 직접 눈으로 보는 형태로 바꿔 줄 또 하나의 '게임 체인저'가 되지 않을까요?

더 가볍고 성능 좋은 뚝배기를 찾아서

VR 체험을 위한 디바이스 역시 꾸준히 발전해 오고 있습니다. 앞서 살펴봤지만 오큘러스 VR에서 DK 1과 DK 2가 출시되면서 비로소 쓸 만한 HMD가 등장했다는 평을 받게 되었고, 연이어 다양한 HMD가 시장에 선을 보였습니다. 이들 HMD는 어떤 목적을 가지고 개발했느냐에 따라 몇 가지 유형으로 나뉩니다. 먼저 저렴한 가격에 누구나 가상현실을 체험할 수 있게 하자는 목적으로 만들어진 기기가 있습니다. 스마트폰을 연결해 사용하는 방식인데, 대표적인 것이 삼성전자의 '기어 VR'과 구글의 '데이드림 뷰'입니다. 하지만 스마트폰으로 볼 수 있는 가상현실에는 분명히

실패를 거듭하며 계속해서 진화하는 VR HMD

한계가 있습니다. 신기한 맛에 한 번은 보겠지만, 꾸준히 찾을 만큼 매력적인 경험은 애초에 기대하기 어려웠습니다. 결국 삼성전자와 구글은 해당 기기와 관련된 사업을 철수했습니다.

조금 비싸더라도 PC와 연결해 가상현실을 제대로 체험하기 위한 HMD도 출시되었습니다. 대표적인 것이 오큘러스의 '리프트'와 '리프트S', 그리고 HTC의 'VIVE'와 'VIVE PRO'입니다. 모두 썩 괜찮은 3D 가상 세계를 보여 주었고, 그 세계를 둘러보고 만지며 돌아다니는 데 부족함이 없었습니다. 하지만 PC 포함 400만 원 정도의 돈을 들여 장비를 갖춰야 했기 때문에 일반인이 접근하기에는 부담이 컸습니다. 쓸 만한 HMD를 활용한 VR 테마파크가 곳곳에 등장하기도 했는데, '굳이 HMD로 체험할 만한 가상현실 콘텐츠'가 눈에 띄지 않았기에 이 또한 실패로 끝난 분위기입니다.

한편 PC와 HMD를 연결하는 선이 문제가 되기도 했습니다. 가뜩이나 시야가 차단되어 불안한데 순간순간 발에 턱턱 걸리는 선은 때로 위험한 상황을 연출할 수 있는 지뢰나 마찬가지였죠. 그래서 VR 체험장에서는 도우미가 항상 옆에 대기해야 했습니다. 또 선을 공중에 걸어 놓고 이동하게 하거나 가방에 PC를 넣어 메고 다니는 등 여러 대안이 제시되었지만 번거로움을 해결하지는 못했습니다. 무선 연결을 지원하는 기기를 구입할 수도 있었는데 비용 부담이 커지는 구조라 크게 환영받을 수 없었습니다. 애초에 PC와 HMD를 연결한다는 발상 자체가 그리 매력적이지 않았던 것이죠. 결국 해답은 HMD 만으로 체험자에게 가상현실을 제공해 주는 것이었습니다.

HMD 자체로 VR 체험을 제공하는 기기를 '스탠드 얼론 VR HMD'라고 합니다. '오큘러스 GO', 구글과 레노버(Lenovo)가 공동 개발한 '미라지 솔로(Mirage Solo)', HTC의 '바이브 포커스(VIVE Focus)'가 시장에 처음 선보인 스탠드 얼론 VR HMD입니다. 하지만 시장의 반응은 그리 좋지 않았습니다. 가뜩이나 체험할 콘텐츠도 부족한데, PC로부터 분리된 HMD의 가상현실은 어딘가 어설퍼 보였던 것입니다. 결국 시장에서 큰 호응을 이끌어 내는 데 실패하고 맙니다. 그리고 마침내 게임 체인저가 등장합니다. 2019년 5월 21일, 절치부심 새로운 기기를 준비해 오던 페이스북이 '오큘러스 퀘스트'를 선보인 것입니다.

400달러에서 1달러 빠진 공격적인 가격으로 시장에 출시된 오큘러스 퀘스트는 드디어 제대로 된 VR HMD가 나왔다는, 매우 긍정적인 평가를 받았습니다. 그래픽은 다소 부족했지만 볼만하다는 평이었습니다. 무엇보다도 무선이고 별도의 기기 없이 공간을 인식해 주었습니다. 그리고 앞뒤, 좌우, 위아래, 앞과 뒤의 기울기, 좌측과 우측의 기울기, 좌측과 우측의 회전까지(6DOF) 감지해 자유로운 조작을 지원해 주기도 했습니다. 이 정도의 성능에 399달러면 페이스북이 시장점유율을 높이기 위해 미친 짓을 벌인 것이 아니냐는 이야기도 있었습니다.

2020년 10월 13일에는 페이스북이 진짜 미친 게 아니냐는 말이 나오게 됩니다. 성능은 더 뛰어난데 가격은 오큘러스 퀘스트 1보다 100달러 더 저렴해진, 오큘러스 퀘스트 2를 출시한 것입니다. 무게는 더 가벼워졌고 성능은 2.6배 정도 더 좋아진 칩을 내장하고 있습니다. 디스플레이 해상도는 2k 수준이고 최대 120Hz의 주사율을 보여 줍니다. 이뿐만이 아닙니다. 기기에 달린 4개의 카메라로 손을 인식하는 기능까지 갖추고 있습니다. 키보드 인식 기능도 있어, 특정 키보드를 인식해 가상현실 세계 속에 그 키보드를 보여 줄 수도 있습니다. 이 정도 성능에 이런 가격을 책정한 것은 페이스북의 전략이라고 볼 수 있는데요. 기기를 더 많이 보급해 시장점유율을 높이고, 늘어난 사용자를 대상으로 체험 콘텐츠나 여타 서비스를 통해 한몫 단단히 챙기겠다는 전략을 실행한 것입니다.

시장 반응도 뜨겁습니다. 오큘러스 퀘스트 2는 출시한 지 6개월 만에 460만 대가 넘게 판매되었습니다. 시장점유율은 해가 갈수록 상승해 지금은 75%에 달하는 상황입니다. 여기에 즐길 만한 콘텐츠도 나날이 늘어 가는 중입니다. 2020년 11월 기준, 오큘러스 전용 앱 수는 대략 140개인데, 시장 평가도 썩 괜찮습니다. 사용자들로부터 5점 만점에 4.9점을 받은 앱이 3개나 되고, 13개 앱은 4.8점을 받았습니다. 또 4.5~4.7점을 받은 앱이 39개나 됩니다. 이만하면 저렴하게 기기를 구입해 한번 해 볼 만한 상황이 되었다고 볼 수 있지 않을까요?

스탠드 얼론 VR HMD가 대세가 되가는 가운데, '확실한 가상현실 체험'을 제공하자는 방향성은 여전히 유효합니다. 핀란드의 바르요(Varjo)라는 회사는 '사람의 눈과 동일한 수준'의 HMD 제작을 목표로 꾸준히 신제품을 출시하고 있는데요. 이 회사에서 2021년 10월 출시한 '바르요 에어로(Varjo Aero)'라는 HMD는 기능적 측면에서 자신들의 목표에 상당히 근접했다는 평가를 받고 있습니다. 가격은 한화 200만 원 초반대로 많이 비싼 편이지만, 진짜 볼만한 체험을 향한 노력은 여전히 진행 중임을 알 수 있는 대목입니다.

한편 오큘러스 퀘스트 시리즈로 홈런을 날린 페이스북에서 최근 차세대 MR 헤드셋 '프로젝트 캠브리아(Project Cambria)'를 공개했습니다. 마치 '독수리 5형제'의 헬멧을 연상시키는 외형의 기기입니다. 이 헬멧은 완벽한 가상현실은 물론 증강현실도 체험할 수 있는 신통방통한 기기가 될 것으로 기대되고 있습니다.

 토론거리_6

앞으로 10년 후에 메타버스를 드나들기 위해 사람들은 어떤 기기를 사용하게 될까요? 사용자의 편의나 건강, 비용적 측면 등을 고려해 가장 바람직한 기기는 무엇일지 함께 토론해 보세요.

2
상호작용을 위한
신기한 아이템들

과거 '다마고치'라는 제품이 선풍적 인기를 끌었습니다. 원리는 무척 간단합니다. 알 상태에 있는 사이버 애완동물이 부화하면 먹이를 주고 배설물을 치워 주는 게 전부입니다. 그런데 당시이 제품에 대한 인기는 상식을 넘어선 수준이었습니다. 운전하면서 다마고치에게 먹이를 주다가 교통사고로 사망하는 사건이 발생할 정도였습니다. 또한 영국에서는 한 학생이 다마고치에 정신이 팔려 시험을 치르지 못한 웃지 못할 해프닝이 해외 토픽으로 소개되기도 했습니다. 당시 학교에서는 수업 시간마다 '삑삑'울어대는 다마고치 때문에 선생님들이 몸살을 앓기도 했고요. 그때 당시 가상의 애완동물을 '키운다'는 상호작용이 수많은 사람의 뇌를 마비시켰던 것입니다.

놀라운 사실은 지금도 여전히 많은 수의 다마고치가 꾸준히 판매되고 있다는 것입니다. 게다가 통신 기술의 발달을 등에 업고 더욱 풍성한 기능으로 업그레이드되고 있습니다. 작물을 재배해 내다 팔거나, 다마고치를 위한 학교나 베이비시터가 등장하기도 하고, 다마고치 간 프로필을 교환하거나 결혼을 하기도 합니다. 음식이나 디저트, 액세서리, 옷을 구매할 수도 있는 등 사랑스러운 다마고치를 보다 정성껏 키울 수 있는 환경도 조성되어 있습니다. 가히 '다마고치 메타버스'라 불러도 손색없을 것 같습니다. 놀랍지 않으세요? 겨우 도트 이미지에 불과한 가상의 이미지와 사람 사이에 상호작용이 가능해지자 새로운 세계가 탄생하고 있다는 사실이 말이에요.

그런데 만약 메타버스와 사람 사이의 상호작용이 원활해진다면 어떤 일이 벌어질까요? 어쩌면 지금 우리가 상상하는 것보다 몇 배는 더 엄청난 일이 벌어지지 않을까요? 한번 기대해 보셔도 좋을 것 같습니다. 버튼을 눌러 밥을 주고 똥을 치워 주는 것과는 차원이 다른 기술이 개발되고 있는 중이니까요.

머리 움직임부터 눈동자, 표정, 몸짓, 생각까지

가상현실 세계에서 고개를 돌려 360도로 두루두루 살펴보는 것은 기본 중의 기본입니다. 이처럼 HMD를 쓴 체험자의 머리 움직임을 반영해 화면을 보여 주는 것을 '헤드 트래킹(head tracking)'이라고 하는데, 앞서 말했듯 이 기술은 1991년 일본의 세가에서 상용화한 것입니다. 가속도 센서, 자이로 센서, 자기장 센서, 적외선 카메라를 통한 위치 추적 등의 기술을 적절히 활용한 것이죠. 한편 고개 움직임을 따라 가상현실 속 소리를 적절히 변형해 들려주는 기술 또한 개발된 상태입니다. 예를 들어 볼까요? 가상현실을 탐험하는데 개 한 마리가 등장했다고 가정해 봅시다.

'개가 어디 있지?' 하고 둘러보는데, 개가 있는 정확한 위치와 거리를 잘 계산해 짓는 소리를 들려준다면 정말 실감 나겠죠? 우측에서 개 짓는 소리가 들려 그쪽으로 고개를 돌렸다면, 이제는 고개를 돌린 사람의 정면에서부터 개 짓는 소리가 들려야 할 것입니다. 헤드 트래킹 기술은 이런 것이 가능하도록 도와주고 있습니다.

사람이 '보는' 동작을 조금 더 깊게 생각해 봅시다. 우리는 무언가를 볼 때 고개도 사용하지만 눈동자도 사용합니다. 눈에는 초점이라는 게 있어서 시선이 향하는 바로 그 지점은 선명하게 보는 반면 주변부는 흐리게 보는 특징이 있습니다. 이에 가상현실과의 정밀한 상호작용을 위해 시선의 움직임을 추적하는 '아이 트래킹(eye tracking)'이라는 기술이 개발된 상태입니다. 작동 원리는 다음과 같습니다. HMD가 사용자의 시선을 추적해 컴퓨터로 데이터를 전달합니다. 그러면 컴퓨터에서 체험자의 시선이 닿는 지점의 가상 이미지를 보여 줄 때 주변부의 세부 묘사는 적게, 시선이 향하는 정면 부분은 세밀하게 묘사해 주는 것입니다. 이는 실제 눈의 작동 원리와도 같아 이질감이 확 줄어들 것이고, 모든 것을 완벽하게 구현하지 않아도 되기 때문에 컴퓨터 역시 부담이 줄어드는 효과를 얻을 수 있습니다.

한편 아이 트래킹 기술은 사용자가 무엇에 관심을 갖고 있는지 인지하는 기술로도 발전하는 중입니다. 가상현실에서 사용자의 시선이 머물 때 미리 그 움직임을 예측해 사용자가 보고 싶은 것을 정확하고 선명하게 보여 주는 것이죠. 약간 더 강조하거나 그래픽 효과를 주어 정보를 덧입히는 등의 기능을 알아서 미리 제공하는 것이 가능해지는 것입니다. 시선뿐만 아니라 표정을 인식하는 기술로도 발전해 가고 있습니다. 이를 통해 사용자의 '감정'에 맞춰 가상현실 체험에 변화를 주는 것이 가능해지는데요. 이를 통해 사용자의 기분에 따라 메타버스 속 사물이나 동식물, 또는 날씨를 표현하는 이미지 등에 적절한 변화를 '알아서' 줄 수 있을 것입니다. 또한 메타버스 세상 속에서 아바타에 사용자의 감정을 고스란히 반영하는 것도 가능하겠죠.

가상현실 체험은 보고 듣는 것이 전부가 아닙니다. 무한대의 오픈월드를 마음껏 누비며 다양한 몸짓으로 자유롭게 탐험할 수 있을 때 제대로 된 메타버스와의 상호작용이 가능합니다. 사용자가 이 정도의 자유도를 경험하려면 몸동작 하나하나를 추적 감지해 가상현실 체험에 반영해 줘야 합니다. 이런 방식의 기술을 '인사이드 아웃 트래킹(Inside-Out Tracking)'이라고 하는데, 이는 MS에서 가장 앞선 기술력을 보유하고 있다고 합니다. 한편 우리나라에서도 2021년 6월 'X-1 Motion Suit(X1 모션슈트)'라는 장비의 출시 발표회가 열렸습니다. 풀 보디 VR 모션 슈트를 지향하는 장비로 빠르고 정밀하게 몸동작을 추적하는데, 관절의 세밀한 표현까지 가능하도록 개발 중이라고 합니다. 이러한 몸동작 추적 장비의 가격 또한 상당히 저렴해지고 있습니다. 제가 한 박람회장을 찾았을 때 몸동작을 추적하는 장비의 가격을 알아본 적이 있는데, 전문가용은 600만 원이고, 일반용은 300만 원이었습니다. 마음만 먹으면 구입이 가능한 수준인 것입니다.

메타버스에 대한 기사가 연일 인터넷을 점령하고 있을 때, 댓글 하나가 눈에 들어왔습니다. "궁극의 메타버스는 BCI와 연결해 가상 또는 증강현실을 조작하는 것이다." 처음에는 생소했지만 BCI가 무엇인지 자료를 찾아보고는 저절로 고개를 끄덕이게 되었습니다. BCI는 'Brain-Computer Interface'라는 기술의 약자로, '뇌파를 이용해 컴퓨터를 사용할 수 있는 접속 장치'를 뜻하는 것입니다. 말 그대도 생각만으로 컴퓨터에서 특정 명령을 실행하게 하는 기술이죠. 이 BCI 기술은 인간의 두개골을 열어 그 안에 장치를 설치하는 '침습식 뇌파 측정 방식'과 사용자 두피에서 신호를 측정하는 '뇌전도 기반 방식'이 있다고 합니다. 이 중에는 아무래도 뇌전도 기반 방식이 안전하고 또 저렴하다고 하는데요. 이 방식은 사람이 몸을 움직일 때 나오는 뇌파의 변화를 이용하는 것으로, 사람이 몸을 움직이는 상상만 해도 유사한 뇌파가 나오기에 그것을 측정한 뒤 컴퓨터로 연결시켜 명령을 수행하게 하는 기술입니다.

신호를 잡아내는 것도 놀랍고, 수많은 신호 가운데 유의미한 신호를 골라내는 것은 더 놀랍습니다. 게다가 신호의 의미를 해독하는 것은 그저 신기할 따름입니다. 이런 식의 기술 발전에는 무수히 많은 사례를 조합해 통계적으로 접근하지 않으면 답이 나오지 않을 것입니다. 그 때문에 머신 러닝 기술을 활용해 엄청나게 많은 사례 가운데 유의미한 신호나 특징을 골라내는 방식으로 기술이 발전해 가고 있다고 합니다. 어쨌든 이렇게 뇌에서 생각을 직접 끄집어내서 가상현실 또는 증강현실 속에 녹여낼 수 있다면, 상상도 할 수 없는 서비스가 실현될 수 있을 것 같습니다. 아니, 상상 자체를 이미지로 만들어 다른 사람의 상상 속에 보여주는 것까지도 가능할 것 같습니다.

현재 BCI 기술은 여러 연구 기관에서 연구를 진행 중에 있습니다. 미국 캘리포니아대학교 연구진은 사지마비 환자의 생각을 문장으로 해독해 내는 데 성공했다고 합니다. 또 미국 스탠포드 대학교 연구진은 '순환 신경망'이라는 딥 러닝(Deep Learning) 알고리즘을 활용해 분당 18개의 단어, 대략 90개 정도의 글자를 생각만으로 타이핑했다고 합니다. 기업들 중에는 페이스북과 테슬라에서 이 기술을 본격적으로 연구하는 중인데, 2019년 7월에 페이스북은 생각만으로 컴퓨터에 텍스트를 입력하는 기술이 상당히 진전했다고 발표하기도 했습니다. 그리고 우리나라에서도 관련 기술이 개발 중에 있습니다. 2021년 10월 31일 발표된 "과학기술정보통신부, 2021년 국가 R&D 우수 성과 100선"에 보면 최우수 성과 중 하나로 한국과학기술연구원에서 진행된 '일상생활 및 보행보조기 제어를 위한 뇌·컴퓨터 인터페이스 기술'이 포함되어 있습니다.

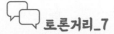

토론거리_7

생각만으로 컴퓨터를 사용하는 것이 가능해진다면, 메타버스를 이용하는 모습은 어떻게 달라질까요? 그리고 이러한 기술이 일상에 적용될 때 문제가 발생할 여지는 없을까요? 만약 그렇다면 어떤 규제나 조처가 필요할지 토론해 보세요.

메타버스를 잡고 던지고 이동해 보자

현재 제페토나 이프랜드(ifland), 게더타운 같은 메타버스는 마우스나 키보드 조작을 통해 점프를 뛰거나 이동하는 것 이외에 할 수 있는 게 없습니다. 그 때문에 제한적인 체험 방식에 대한 답답함을 토로하는 댓글을 쉽게 볼 수 있습니다. 이런 반응을 보면 아무래도 손동작을 통한 자유로운 체험이 가능해야 메타버스를 제대로 즐길 수 있을 것 같습니다. 이런 형태의 상호작용을 돕는 기기로 컨트롤러를 들 수 있습니다. 컨트롤러는 가상현실을 체험할 때 손이나 총, 오토바이 핸들, 때로는 붓이 되어 체험자가 원하는 대로 가상현실 속 활동이 이뤄지도록 지원해 줍니다. 그리고 이제는 거의 모든 VR HMD에 필수적으로 제공되고 있습니다.

방망이 같기도 하고, 노래방 마이크 같기도 하고, 동글동글한 팔찌를 갖다 붙인 조약돌 같기도 한 컨트롤러가 사람 손의 역할을 완벽히 대체한다는 건 아무래도 무리일 것 같습니다. 굳이 무언가를 들고 하는 것보다는 실제 손과 흡사한 형태의 컨트롤러를 장갑처럼 끼고 사용하는 것이 훨씬 편리할 것 같은데요. 이런 사용자의 필요를 반영해 2019년 스위스의 취리히공과대학교(ETH)와 스위스 로잔공과대학(EPEL) 연구 팀이 '극도로 현실적인' 상호작용 지원이 가능한 촉각 글러브 '덱스터ES(DextrES)'를 개발했습니다. 무게가 8g 정도밖에 되지 않는 데다 소형 배터리만으로도 구동이 가능합니다. 재미있는 것은 가상현실 속에서 물체를 잡으면, 글러브가 손가락 움직임을 차단시켜 실제로 무엇을 쥐고 있는 느낌을 전달해 준다고 합니다.

2021년 9월에는 대한민국의 유니스트(UNIST, 울산과학기술원)에서 가상현실용 장갑을 선보였습니다. 이 장갑은 손가락의 10개 관절 각도를 실시간으로 측정해 줄 뿐만 아니라 열감, 진동까지도 여러 단계로 바꿔 줄 수 있다고 합니다. 즉 이제는 가상현실 안에서 잡고 던지는 것은 물론 손으로 온도나 떨림까지 느낄 수 있게 된 것입니다. 이 장갑은 센서와 발열 히터, 도선 같은 부품

HTC의 'VIVE'에 사용되는 컨트롤러

을 '액체 금속 프린팅 기법'이라는 기술로 얇고 정밀하게 제작해 한꺼번에 구현해 놓았는데, 이처럼 다양한 기능을 하나로 통합한 형태로 개발한 것은 UNIST가 최초라고 합니다.

여기서 끝이 아닙니다. 더 효과적으로 손동작을 반영하기 위한 기술이 계속해서 개발되고 있습니다. 앞서 말씀드린 것처럼 오큘러스 퀘스트 2에서 손동작을 트래킹하는 기술이 계속 개발되는 것도 그런 움직임 중 하나입니다.

또 덱스터ES를 개발한 스위스 취리히공과대학교에서는 최근 손목 밴드 형태의 컨트롤러를 개발해 화제가 되었습니다. 해당 기기는 손목뼈에 전해지는 떨림을 감지한 다음 어느 손가락이 움직였는지를 판단해 신호를 전달해 주는 방식입니다. 실제 실험 결과 카메라를 통해 손가락 움직임을 '보고' 감지하는 것보다 더 정확하게 손가락 움직임을 감지했다고 합니다. 나중에 스마트 워치 같은 것에 반영된다면 무척 간편하게 메타버스를 즐길 수 있을 것으로 보입니다. 그런데 실제로 이런 방식의 기술을 스마트 워치 같은 형태로 구현해 세상에 선보인 기업이 있습니다. 바로 페이스북입니다. 페이스북이 선보인 스마트 워치 형태의 컨트롤러는 골격근에서 발생하는 전기신호를 측정하고 기록하는 의료 기술인 '근전도 검사법'을 활용했다고 합니다. 1mm의 아주 미세한 움직임까지 감지할 정도라고 하니, 우선은 기대해 봐도 좋을 것 같습니다.

컨트롤러가 꼭 손동작에만 국한된 것은 아닙니다. 가상으로 이뤄진 메타버스를 마음껏 활용하려면 걷는 용도의 컨트롤러도 필요할 것입니다. 여기에는 대체로 헬스장에서 종종 볼 수 있는 러닝머신 형태의 '트레드밀'이 활용되어 왔습니다. 체험자가 시야가 차단된 상태에서 넘어지는 것을 막기 위해 붙들어 주는 장치가 기본으로 장착되어 있습니다. 또 바닥은 움푹 파여 체험자가 발바닥으로 밀어 가며 이동하는 신호를 전달하도록 구성되었습니다.

이동을 지원하는 컨트롤러는 트레드밀만 있는 것은 아닙니다. 원판같이 생긴 컨트롤러를 바닥에 두고 앉은 자세로 두 발을 얹은 다음 방향 전환이나 기울기 등으로 움직임을 전달하는 형태도 있습니다. 3d러더(3dRudder)라는 회사에서 출시한 동명의 '3d러더'라는 제품이 그것으로, 소니의 PSVR과 호환이 된다고 합니다.

한편 완벽히 신발 모양으로 개발된 컨트롤러도 있습니다. '사이버슈즈(Cybershoes)'라는 제품으로, 카펫 같은 것이 깔린 공간에서 회전이 가능한 의자에 앉아 얼음을 지치듯 미끄러지는 형태로 걷거나 달리도록 개발되었습니다. 동작은 취하되 일부러 힘을 들이지 않아도 되니 더 편안하게 메타버스에만 몰입할 수 있게끔 도와줄 수 있을 것 같습니다. 아마존에서 현재 349달러에 판매되고 있고, 오큘러스 퀘스트를 지원한다고 하니 한 번쯤 신어 보는 것도 나쁘지 않은 선택이라 생각됩니다.

3

동시에 다 함께
메타버스를 즐기는 마법

최근 이슈가 되고 있는 드라마 〈오징어 게임〉에는 다양한 놀이가 등장합니다. 딱지치기, 무궁화 꽃이 피었습니다, 달고나 뽑기, 줄다리기, 구슬 게임, 그리고 오징어 게임까지. 이제는 전통 놀이가 되어 버린 그 시절 게임에는 나름의 공통점이 있습니다. 바로 혼자 하는 놀이가 아니라는 것입니다.

그렇습니다. 그 시절의 놀이는 모두 '깐부', 즉 함께 할 친구가 한 명 정도는 있어야 즐길 수 있었습니다. 메타버스도 그렇습니다. 한 번에 수천만 명은 우습게 모일 수 있는 '다 함께' 정신이 기본적으로 깔려 있기 때문에 메타버스는 지금처럼 핫한 신대륙이 될 수 있었던 것입니다. 그런데 사실 말이 쉽지 온라인 환경에서 각자 PC나 스마트폰 등을 사용해 가상의 대륙에 함께 모인다는 것은 여간 어려운 일이 아닙니다. 그 밑바탕에는 실로 마법과도 같은 기술이 적용되기 때문에 가능한 것입니다.

부담스러운 메타버스, 하지만 5G가 출동한다면?

1981년, MS사를 만든 빌 게이츠(Bill Gates)가 이런 말을 했습니다. "아무도 PC에 640kb 이상의 메모리는 필요하지 않을 것이다!" 아마도 빌 게이츠는 이 말을 떠올릴 때마다 시쳇말로 '이불킥'을 하고 있지 않을까요? 당시 그가 이런 말을 한 것은 디지털 세상을 이루는 여러 요소의 크기, 즉 '용량'에 대해 잘못된 판단을 했기 때문일 것입니다. 우리가 PC나 스마트폰의 디스플레이를 통해 만나는 모든 것은 자기만의 무게를 가지고 있습니다. 한글이나 워드로 작성되는 문서의 경우 몇 K바이트 정도에 불과하죠. 하지만 메타버스를 이루는 기본적 요소인 3D의 경우는 특히나 용량이 큰 편에 속합니다. 이런 묵직한 이미지로 구성된 증강현실이나 가상현실의 경우 하나의 콘텐츠가 몇백 메가에서 몇 기가에 달할 정도로 무거운 것이 대부분입니다.

이처럼 개별 데이터의 무게도 무게이거니와 그것을 사용자의 움직임에 맞춰 실시간으로 구동시키는 것도 문제입니다. 앞서 살펴본 것처럼 가상현실과 증강현실의 진짜 묘미는, 사용자의 조작을 따라 체험하는 세계가 반응해 줌으로써 또 하나의 현실에 들어온 것처럼 느끼게 해 주는 데 있습니다. 그런데 이것이 디바이스 입장에서 무척 부담스러운 일이라는 게 문제입니다. 움직임을 감지하면 이것을 어떻게 보여 줄 것인가에 대한 결괏값을 계산합니다. 그다음 계산한 결과를 반영해 3D로 된 물체를 실시간으로 변환해 보여 줍니다. 이때 빛과 그림자가 제대로 표현되도록 하는 계산도 이뤄집니다. 찰나의 순간, 엄청나게 많은 것을 동시에 처리해 줘야 하는 것이죠.

그렇기 때문에 가상현실이나 증강현실을 보여 주는 디바이스는 두 가지 숙제를 앞에 두고 끙끙댈 수밖에 없습니다. 가뜩이나 무거운 콘텐츠를 돌리는 것이 하나이고, 사용자의 상호작용을 잘 반영하기 위해 엄청난 계산을 처리하는 것이 또 다른 하나입니다. 무거운 콘텐츠를 돌리는 것만도 힘이 드는데, 체험자와의 상호작용을 원활히 구현하기 위해 움직일 때마다 계산할 것이 계속 쌓여 가니 웬만한 성능의 컴퓨터로는 감당할 수가 없습니다. 이런 숙제를 감당하고도 남을 만큼 컴퓨터의 성능이 강력하다면 사실 문제될 것은 없습니다. 하지만 어중간한 성능의 컴퓨터로는 계속해서 숙제가 쌓여 화면이 끊기거나 아주 약간씩 반응이 늦어지는 느낌을 사용자에게 전달할 수밖에 없습니다. 이와 같은

메타버스 이용에 따르는 작업을 감당하지 못해 발생하는 'VR 멀미'

현상은 메타버스를 즐기는 사용자에게 '멀미'라는 최악의 상황을 안겨 줍니다. 가상현실의 최대의 적 'VR 멀미'는 바로 이 타이밍에 등장하는 것입니다.

궁여지책으로 콘텐츠의 무게를 줄여 디바이스가 작동할 수 있도록 억지로 환경을 만들어 주다 보니 영화 〈아바타〉 급의 아름답고 신기한 경험을 제공해 줄 만한 콘텐츠를 만나기가 쉽지 않은 것 또한 지금의 현실입니다. 이대로 〈아바타〉 급의 메타버스는 물 건너가는 걸까요? 그러나 우리에게는 인터넷이 있습니다. 엄청나게 빠른 인터넷으로 우리 집 가장 가까운 곳의 슈퍼컴퓨터와 연결해 성능을 높여주는 겁니다.

　그렇게 빠른 인터넷이 어디 있느냐고 반문하실 수도 있습니다. 요즘 통신사마다 앞세우고 있는 5G가 그 주인공입니다. 물론 인터넷 하나 바뀌었다고 엄청난 변화가 일어날 수 있다는 것이 잘 이해되지 않을 수 있습니다. 하지만 이동통신 기술의 발전 과정을 살펴보면 새롭게 기대감을 가지실 수 있을 것입니다.

　5G는 5세대 이동통신 기술을 일컫는 말입니다. 그럼 1세대도 있겠죠? 1세대 이동통신 기술은 1984년 3월에 시작되었습니다. 당시 출시되었던 휴대폰은 압도적 편리함으로 큰 화제를 불러 모았습니다. 전 세계를 선과 선으로 연결해 전화를 걸던 시대에서 갑자기 무선으로 대화할 수 있게 되었기 때문입니다. 당시로서는 벽돌 같은 휴대폰을 들고 통화하면서도 뭔가 세상이 큰 장벽 하나를 갑자기 훌쩍 뛰어넘은 느낌을 받았습니다.

　2세대 이동통신 서비스는 1996년에 상용화가 시작되었습니다. 1세대에서는 음성만 주고받을 수 있었다면, 2세대에서는 음성은 물론이고 문자, 인터넷까지 사용할 수 있었습니다. 이때부터 유선전화의 시대가 빠르게 저물고 휴대폰이 확산되기 시작했습니다. 굳이 공중전화 앞에서 줄 서는 일이 사라진 것입니다. 장문의 문자메시지를 심지어 컬러로 보내는 게 가능했고, 벨소리도 더욱 다양해졌습니다. 연인들끼리는 커플 요금제를 사용해 밤

새 공짜 통화를 즐기곤 했습니다. 이 모든 것이 2G 서비스 덕분에 가능한 변화였습니다.

2002년 1월에는 3G 서비스가 시작됩니다. 이때는 영상통화까지 가능할 정도로 인터넷 속도가 빨라졌습니다. 당시 2기가짜리 영화 한 편을 19분이면 다운로드할 수 있게 되었습니다. 그 결과 각 가정에서 유선전화가 점차 사라지기 시작했습니다. 이러한 변화에 부스터를 달아 줄 걸출한 물건이 하나 등장합니다. 바로 2007년에 스티브 잡스(Steve Jobs)가 선보인 아이폰이 그것입니다. 아이폰을 통해 음성 통화와 문자메시지는 물론 지금 우리가 라이프로깅 세계, 거울 세계라고 부르는 서비스가 세상 전면에 부각되었습니다. 또 다른 온라인 세상을 자유롭게 드나들면서 세대와 시대가 급격히 변화하기 시작한 것입니다.

2011년에는 우리나라에서 4G가 상용화됩니다. 이때부터 '초고속 인터넷'이라는 말이 등장합니다. 이제 선명한 고화질 영상이 거의 실시간으로 내 휴대폰에 스트리밍됩니다. 유튜브로 대변되는 무수한 동영상 콘텐츠의 바다가 펼쳐진 것도 이때부터입니다. 비디오 대여점 등 많은 것이 역사 속으로 사라져 갔습니다. 크리에이터라는 직종이 생겨나 실시간 개인 방송으로 시청자를 찾아갑니다. 굳이 오프라인으로 모일 필요 없이 비대면으로 온라인에서 활동해도 충분한 세상이 열리기 시작합니다. 인터넷 속도가 빨라져 꽤 큰 용량도 한 번에 처리해 주면서 증강현실, 가상현실과 관련한 다양한 시도가 본격화되었습니다. 3G에서 4G로, 한 차원 더 업그레이드된 이동통신 기술이 메타버스 시대를 깨운 것입니다.

그리고 이제 5G 시대입니다. 속도가 어마어마하게 빨라졌습니다. 단순히 속도뿐만이 아니라, 쉽게 말해 길 자체가 넓어졌습니다. 수많은 데이터가 막힘없이 쌩쌩 달린다고 생각해 보세요. 수십, 수백, 수천만 명이 접속해 저마다 메타버스 속 스테이지를 활보해도 너끈히 감당할 수 있는 시대가 열린 것입니다. 그 수많은 데이터를 가지고 우리 집 디바이스와 근처 슈퍼컴퓨터 사이를 순식간에 왕복할 수 있는 것이 바로 5G입니다. 산더미 같은 숙제를 대신, 그것도 순식간에 해결해 주는 진정한 실시간의 시대가 도래한 것입니다. 차원이 다른 빠름의 마법이 메타버스 앞에 놓인 문제를 해결해 줄 준비가 완료된 상태인 것이죠.

'구름' 속에 넣어 두고 꺼내 보는 메타버스

언젠가부터 '구름'이 화두가 되었습니다. 구름에 손만 뻗으면 무엇이든 할 수 있을 것 같은 만능 구름 '클라우드(Cloud)'가 등장한 것입니다. 클라우드는 매우 거대하고 또 유능합니다. 보통 우리가 사용하는 일반 컴퓨터가 500기가 정도 용량이라고 하면 MS

의 클라우드 서버는 400페타바이트 이상의 데이터를 보관합니다. 1페타바이트는 약 1,024기가바이트입니다. 따라서 일반 하드 드라이브 10만 개를 모아 놓은 정도의 공간이 클라우드 서버로 이용되는 것입니다. 그런데 클라우드가 단지 거대한 공간을 자유롭게 임대할 수 있는 서비스라는 이야기는 절대 아닙니다. 클라우드는 접속하는 모든 컴퓨터를 대신해 정보 분석, 처리, 저장, 관리, 유통 등 사실상 핵심적인 모든 과정을 처리해 주는 서비스라고 보시면 됩니다. 클라우드에 접속한 컴퓨터나 스마트폰, 태블릿 PC 등은 그저 입력하고 출력하는 장치일 뿐이고요.

이 클라우드라는 개념은 1965년 미국의 컴퓨터 학자인 존 매카시(John McCarthy)가 "컴퓨팅 환경은 공공시설을 사용하는 것과도 같을 것이다"라고 이야기한 데서 출발했습니다. 클라우드라는 말 자체는 '구름처럼 먼 거리에서 시각적으로 보이는 물건들의 커다란 집합체'를 뜻합니다. 그러나 이 클라우드 서비스를 이용하는 사람들은 이곳에서 어떤 프로그램이 어떤 작동 원리를 가지고 어떤 프로세스를 거쳐 결괏값을 도출해 내는지 잘 모를 수 있습니다. 그러나 잘 몰라도 사용이 가능하다는 것이 중요하죠. 그리고 내가 가진 컴퓨터나 기기가 매우 열악한 상황이라 해도 클라우드를 통해 고난도의 작업을 처리할 수 있다는 것 또한 매우 중요합니다. 내가 잘 몰라도, 내가 가진 것이 없어도 매우 유

유능하고 방대한 구름, '클라우드' 서비스

능한 '무언가'가 대신해 주는 것이죠. 그것도 매우 합리적인 비용으로 말입니다.

　그런데 여기서 궁금증을 가질 수 있습니다. 증강현실과 가상현실은 그 진행 방식을 보면 사실상 게임에 가깝습니다. 그런데 클라우드가 게임에도 접목이 가능한 서비스이냐는 것이죠. 정답은 "가능해졌습니다"입니다. 최근 게임을 지원하는 클라우드 서비스가 다수 세상에 선을 보였습니다. 엔비디아의 '지포스 나우(GeForce NOW)', 구글의 '스태디아(Stadia)', MS의 '프로젝트 x클라우드(Project xCloud)', EA의 '프로젝트 아틀라스(Project Atlas)' 등이 그것입니다. 이들 서비스는 각 서비스 공급업체가 자사의 클라우드에 올려놓은 게임을 사용자가 '스트리밍 방식'으로 즐길 수 있도록 도와주는 것이라고 말씀드릴 수 있습니다. 좀 더 쉽게 설명하자면, 영화 같은 동영상을 스트리밍 방식으로 관람하는 것과 비슷합니다. 전부 다운로드하지 않아도 내게 필요한 부분만큼만 계속 재생해 가며 끊김 없이 실시간으로 감상하는 것이죠. 게임 역시 이와 마찬가지로 진행되는 것입니다. 필요한 부분이 무엇인지 계산한 결괏값만을 보게 되는 것이라, 스트리밍 방식을 활용할 경우 사용자의 컴퓨터나 스마트폰은 그저 하나의 모니터 역할만 수행한다고 생각하면 됩니다.

앞서 말씀드렸듯이 증강현실과 가상현실의 가장 큰 어려움 중 하나는 개인이 보유한 PC나 스마트폰의 성능에 따라 체험의 질이 큰 차이를 보이게 된다는 것입니다. 용량도 큰 문제가 될 수 있고요. 그런데 클라우드를 통한 스트리밍 방식을 이용하면 이러한 걱정 없이 증강현실과 가상현실을 즐길 수 있습니다. 굳이 큰 돈 들이지 않고 쓴 만큼만 결제해 가면서 말이죠.

하지만 클라우드를 활용하는 방식도 문제는 있습니다. 바로 '지연'이 발생할 수 있다는 것입니다. 사람의 뇌가 '음, 지연 없이 잘 돌아가고 있구만' 하고 인식하기 위해서는 0.013초 안에 사용자가 조작한 결괏값이 눈으로 확인되어야 한다고 합니다. 눈 깜짝할 시간 안에 처리가 끝나야 하는 것이죠. 이처럼 어마어마하게 빠른 속도로 처리해야 할 슈퍼컴퓨터가 만약 지구 반대편에 있다면 어떨까요? 아무리 슈퍼컴퓨터라고 해도 동시에 접속한 모든 사용자의 데이터를 모아 결괏값을 도출한 다음 다시 지구 반대편에 있는 사용자의 화면에까지 0.013초 안에 보여 주는 것은 불가능하지 않을까요? 이때 구원투수가 될 수 있는 것이 바로 5G입니다. 이론상으로 5G의 지연 속도는 0.001초이기 때문입니다. 그렇다고 5G만 믿고 손 놓고 있다가는 큰 낭패를 볼 수 있습니다.

2021년 10월 28일, 전 세계 10대들 사이에서 난리가 났습니다. 로블록스가 무려 3일 동안이나 접속이 안 되는 사태가 벌어진 것입니다. 로블록스의 사용자 수가 늘어나면서 데이터 센터 쪽에 문제가 생긴 것 같다는 로블록스 CEO 데이비드 바스주키(David Baszucki)의 발표가 있었는데, 이 3일간의 소동으로 로블록스가 손해 본 금액은 자그마치 2조 원이라고 합니다. 이를 통해 우리는 메타버스 세상이 또 하나의 현실로 자리매김하기 위한 핵심적 전제 조건을 하나 발견하게 됩니다. 바로 '안정적인 동시 체험이 가능하느냐'라는 것입니다. 사용자는 세계 곳곳에서 다양한 디바이스를 통해 메타버스에 접속합니다. 게다가 앞서 살펴본 것과 같은 다채로운 컨트롤러를 고려할 때 사용자가 해결해 주기를 바라는 데이터의 형태 역시 천차만별입니다. 그런데 이런 다채로운 데이터를 전달해 주는 동시 접속자 수가 로블록스처럼 하루에 4,800만 명이라면? 제아무리 슈퍼컴퓨터가 돌아가고 방대한 용량을 감당하는 어마어마한 속도의 인터넷이 지원된다 할지라도 당해 낼 장사가 없지 않을까요? 문제의 해법은 지구촌 구석구석에 클라우드 서비스 센터를 세워 최대한 가까운 곳에서 숙제를 처리해 주는 환경을 만드는 것밖에는 없을 것입니다.

메타버스를 즐기는 입장에서 클라우드에 접속해 스트리밍되는 증강현실이나 가상현실을 체험하는 것은 일종의 마법과도 같을 것입니다. 사람의 뇌를 속이고도 남을 지연 없는 5G 인터넷 또한 엄청난 마법일 것이고요. 그러나 앞으로 메타버스가 더욱 커지고 보편화되고 더 다양해질 것을 감안하면, 메타버스 서비스만을 위한 별도의 인프라 구축은 반드시 필요합니다. 이런 이야기는 메타버스를 서비스하는 기업 입장에서는 3일 만에 2조 원이 사라질 수도 있는 피 말리는 전쟁을 앞둔 느낌일 수 있습니다. 하지만 메타버스에 올라탈 여러분은 이 지점에서 기회를 보셨으면 좋겠습니다. 사용자의 원활한 체험을 가능하게 하는 것이 엄청나게 중요하다면, 그와 관련된 직군의 사람들은 어마어마한 대우를 받게 될 가능성이 높다는 뜻이기도 하니까요. 물론 지금도 서버 프로그래머의 몸값은 천정부지라고 합니다. 그러니 메타버스가 더욱 확장될 앞으로의 세상에서는 어떨까요? 서버 프로그래머는 이 세상을 초월한 마법사 같은 지위를 갖게 될지도 모릅니다. 그리고 여러분이 그 마법사가 되지 말라는 법은 없습니다.

— 5장 —

메타버스 학교로
등교하라!

1
요즘 학교
해부도

누구나 알고 있지만 쉬쉬하며 잘 알려 주지 않는 학교 수업의 비밀이 있습니다. 교실에서 여러분의 머릿속으로 주입되는 지식이 글쎄 '과거의 것'이라는 겁니다. '아니, 지식이라는 게 당연히 과거의 것 아니야?'라고 생각할 수도 있습니다. 그런데 이게 의외로 심각한 상황입니다. 최고의 미래학자 중 한 명인 앨빈 토플러(Alvin Toffler)가 이런 말을 했습니다. "한국 학생들은 하루 15시간 동안 학교와 학원에서 미래에 필요하지 않은 지식과 존재하지도 않을 직업을 위해 시간을 낭비하고 있다."

2016년 수많은 세계의 내로라하는 지도자와 전문가가 모인 다보스 포럼에서 이런 전망이 나왔습니다. "지금 초등학교에 입학한 학생의 약 65%가 지금은 존재하지 않는 새로운 직업을 갖게 된다." 큰일입니다. 갑자기 '지금 수업 받는 내용이 등수를 매기는 것 외에 무슨 의미가 있을까' 하는 걱정이 생겨납니다. 어떡하죠?

수업이 주사냐, 주입하게?

문제는 여기서 끝이 아닙니다. 교실 안에 앉아 있는 학생들에게 '똑같은 내용'을 '똑같은 속도'로 '주입'하고 있다는 것도 큰 문제입니다. 여러분은 각자의 개성이 있고, 스타일이 다르고, 성숙해져 가는 속도도 다릅니다. 그런데 현재의 수업 방식은 한국전쟁 당시의 1·4후퇴보다 더 모진 것 같습니다. 마치 '따라올 테면 따라와 보라'고 협박이라도 하듯 한 반에 몇 명씩 앉혀 놓고 지식을 펼쳐 보여 주기만 합니다. 못 따라오면 모두 학생들 책임이라는 듯한 태도는 아무리 생각해도 좀 이상합니다.

이러한 수업 방식으로 인해 큰 문제가 발생하고 있다는 징후가 드러나고 있습니다. 글로벌교육재정위원회라는 기관에서 〈2017년 학습세대 보고서〉를 발표했는데, 지금 추세대로라면 다음 세대 인구 절반에 해당하는 8억 2,500만여 명이 사회에 필요한 가장 기본적 수준의 학력조차 갖추지 못한 상태로 성인이 될 것이라고 예상했습니다. 그리고 이런 전망이 현실이 될 것이라는 생각이 드는 건, 여러분 스스로가 자신의 삶에 만족하지 못하고 있기 때문입니다.

그뿐만이 아니라 똑같은 지식을 주입받는 것도 굉장히 심각한 문제가 아닐 수 없습니다. 이걸 좀 어려운 말로 '수업이 실제적이지 않다'고 합니다. 이는 수업을 모두 일대일 지도로 바꾸거나, 수업시간에 최신 기술을 배우자는 이야기는 아닙니다. 수업을 통해 미래를 헤쳐 갈 수 있는 태도나 습관 같은 '역량'을 길러 줄 수 있어야 한다는 의미입니다. 많은 전문가가 지금 학생들은 인공지능과 더불어 살게 될 것이라며, 이들이 갖춰야 할 역량으로 6가지 'C'를 꼽고 있습니다. 개념적 지식(Conceptual knowledge)을 바탕으로 창의성(Creativity), 비판적 사고(Critical thinking), 컴퓨팅 사고(Computational thinking), 융합 역량(Convergence), 인성(Character)을 갖춰야 한다는 것입니다. 즉 과거의 것에서 핵심적인 것, 개념적인 것은 배워 가면서 창의력을 발휘해 지식을 융합해 보고, 다른 사람의 의견도 수렴해 가면서 자신만의 지식을 쌓아 가는 수업이 되어야 한다는 이야기일 것입니다.

칠판에 적혀 있는 지식을 어떻게 하면 다른 지식과 연결해 새로운 것을 만들지 머리를 써야 하지 않을까요? 자유로운 시도가 얼마든지 가능한 실험실에서 이것저것 시도해 보면 좋겠다는 생각이 들지 않으세요? 또 내 생각을 다른 친구들과 나누며 그 친구들은 어떤 생각을 가지고 있는지 들어봐야겠다는 생각이 들지 않나요? 어떻게 생각해 봐도 미래를 대비하는 수업이 되기 위해서는 기존 지식을 주입하기만 하는 데 멈춰서는 안 될 것 같습니다. 자유롭게 시도해 보고, 안전하게 실습도 해 보고, 재미있게 다른 친구들과 연결할 수 있는 공간이 반드시 필요할 것 같습니다. 그렇습니다. 학교는 지금 안전하고 자유로우며 서로 연결되는 새로운 공간, 메타버스가 필요한 상황입니다.

💬 토론거리_8

미래 사회를 대비할 수 있는 수업이 되려면 어떤 변화가 필요할까요? 그리고 그 안에서 메타버스는 어떤 역할을 해야 할까요? 친구들과 함께 토론해 보세요.

패놉티콘에 갇힌 디지털 네이티브

선생님이 칠판 앞에 서서 열심히 교과서 속 지식을 설명해 줍니다. 학생들은 선생님이 보이는 방향으로 책상을 정렬한 채 자리에 앉아 일사불란하게 필기해 가며 설명을 듣습니다. 오래전부터 이어져 온 너무나 익숙한 광경입니다. 이와 같은 교실 풍경은 1791년 영국의 철학자 제러미 벤담(Jeremy Bentham)이 설계한 원

패놉티콘 형식으로 건축한 쿠바의 감옥 '프레시디오 모델로'의 내부 모습

형 감옥 '패놉티콘(panopticon)'과 매우 흡사합니다.

지금까지 교육을, 학교를 바꾸기 위한 많은 노력이 있어 왔음에도 이런 결과라는 것은 어떤 의미일까요? 이것이 최선이기 때문일까요, 아니면 여전히 뚜렷한 대안이 없기 때문일까요? 그 옛날 벤담이 제안한 감옥과 거의 유사한 형태의 교실에서 과거와 크게 다르지 않은 수업을 받고 있는 이전과는 완전히 달라진 새로운 세대라니, 이건 정말 큰일이 아닐 수 없습니다.

여러분은 스마트폰을 쥐고 태어나, TV나 컴퓨터보다 스마트폰을 더 사랑하며 이미지나 영상으로 소통하기를 더 선호하는 세대

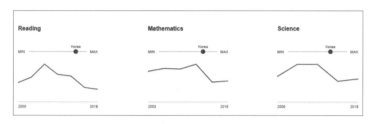

2018년 국제학업성취도평가(PISA) 중 대한민국의 점수 현황

입니다. 또한 다양성을 존중하고 현실적이며 재미를 추구하는 세
대이기도 합니다. 그런 여러분이 과거의 구태의연한 구조의 교실
에서 계속 수업을 받는다는 사실이 심히 걱정이 됩니다.

이러한 패놉티콘과 같은 구조에 디지털 네이티브를 가둔 데 따
른 부작용은 현실로 나타나고 있습니다. 현재 대한민국의 교육
수준은 OECD에서 주관하는 국제학업성취도평가(PISA) 기준으
로 OECD 평균 이상입니다. 2018년은 다른 나라들보다 앞서 있
지만 마음을 놓을 수 없는 것은 그 점수가 계속해서 낮아지고 있
기 때문입니다. 특히 읽기 분야는 12년 연속으로 점수가 낮아지
고 있습니다.

또 다른 조사에서는 우리나라 학생들의 수학과 과학에 대한
흥미도가 OECD 평균 이하인 것으로 나왔는데 다른 나라 학생
들에 비해 공부하는 시간은 오히려 더 많은 것으로 나타났습니
다. 이는 실질적으로는 효과가 없는 수업이 이뤄진 데 따른 결과

로 보입니다.

 디지털 네이티브인 우리 10대들을 하루빨리 패놉티콘에서 구출해야 합니다. 그러기 위해서는 가장 먼저 선생님 한 분에게 집중된 현재의 교실 구조를 바꿀 필요가 있습니다. 단순히 선생님을 따라가는 방식이 아닌 학생들의 참여가 가능하도록 수업 흐름에 변화를 주어야 합니다. 단순 주입식 수업이 아닌 방대한 지식을 간편하고 재미있게 제시해 줄 수 있는 방식이어야 하겠습니다. 그다음으로는 학생 스스로 탐구할 수 있는 공간이 필요할 것 같습니다. 몰입할 수 있는 장치가 설계되면 더 좋겠고, 학습 과정 동안 부드럽게 코칭을 제공할 수 있는 시스템도 있어야 합니다. 또한 학교에 맞춤화된 가상공간, 이미지로 구성된 방대하고 다채로운 콘텐츠, 선생님을 도와줄 AI까지, 학교 밖에서 꾸준히 발전하고 있는 기술이 이제 학교로 가야 할 때입니다. 이 모든 것을 한마디로 정리하자면, 바로 메타버스 학교가 되어야 한다는 결론에 도달합니다.

메타버스가 학교에 '딱'인 이유

 2014년과 2015년 즈음, 선생님과 학부모들이 학생들의 손을 잡고 공부하러 '극장'으로 향한 적이 있습니다. 영화 속에 녹여 낸 상대성 이론, 웜홀(Wormhole), 블랙홀(black hole) 등 전문적 과학 지식을 보고 이해하고자 수차례 반복 관람을 하는 사람도 많았습니다. 관련된 책도 등장했고 이 영화의 자문을 맡았던 교수님은 영화 제작 당시의 상황을 토대로 논문을 발표하기까지 했습니다. 외화로는 드물게 국내에서 1,000만 관객을 돌파하기까지 했습니다. 이 영화는 크리스토퍼 놀란(Christopher Nolan) 감독이 4년 동안 과학 지식과 씨름해 근거 있는 가상 세계로 완성해 낸 〈인터스텔라〉(2014)입니다. 이 영화는 당시 극장을 교육의 장으로 만들어 줬습니다.

그때의 극장 속 광경을 떠올려 봤을 때, 패놉티콘에서 지식을 주입당하는 디지털 네이티브의 상황과 어떤 차이가 있을까요? 겉모습만 보자면 큰 차이가 없는 것 같지 않으세요? 선생님이 앞에서 수업을 하고 학생들은 자리에 앉아 칠판을 보면서 수업을 듣습니다. 영화 역시 일방적으로 상영되고, 관객은 꼼짝 않고 앉아 스크린에 시선을 고정하고 있습니다. 하지만 영화가 끝난 뒤 관객의 반응은 패놉티콘에서 수업을 마친 학생들의 반응과는 너무나 다릅니다. 어떤 차이가 있는 걸까요?

스크린을 통해 관객을 찾아가는 〈인터스텔라〉는 지식을 일방적으로 주입하려 하지 않습니다. 그저 지식이 녹여진 현상에서 모험을 즐길 것을 권유합니다. 선생님 혼자 주인공이 되어 무대를 누비는 수업과 달리 관객 각자가 자신만의 캐릭터를 입고 자신을 위한 무대를 누비게 됩니다. 모둠을 짜고 반을 섞는 교실 수업과는 다르게 각자의 캐릭터를 통해 모험하는 가운데 다른 캐릭터들과 자연스럽고 필연적인 만남을 갖습니다. 수업이 끝나면 각자 배운 지식을 짜 맞추고 정연하게 정돈한 다음 누가 더 잘 저장했는지 '경쟁'하게 됩니다. 반면 영화가 끝나면 각자 느끼고 생각한 바를 서로 나누며 다른 사람의 생각에 귀를 기울이고 나의 생각을 조정하는 '나눔'의 시간을 갖게 됩니다. 이처럼 겉은 닮았을지 모르나 그 내용은 너무나 다릅니다.

극장에서 벌어지는 일을 교실과 비교하는 것이 이상해 보일 수 있습니다. 그리고 '학습'을 무엇으로 보느냐에 따라 극장 속 상황은 교실과 전혀 상관없을 수도 있죠. 학자들 가운데는 학습을 외부 자극을 통해 행동을 변화시키는 것으로 보는 이들이 있습니다. 러시아의 생리학자 이반 페트로비치 파블로프(Ivan Petrovich Pavlov) 박사의 실험용 강아지를 생각해 보면 됩니다. 파블로프 박사는 먹이가 나오는 시각마다 강아지에게 종소리를 들려줍니다. 그러자 나중에는 종소리만 들어도 강아지가 '밥이다'라는 생각에 침을 흘립니다. 그는 이것을 보고 실험용 강아지가 '학습되었다'고 보았습니다. 또 한편 지식이 오래오래 기억 속에 남도록 하는 것을 학습으로 보기도 합니다. 수없이 많은 정보 중 몇 가지를 선별해 장기적으로 기억 속에 남겨 놓는 것이죠. 그리고 필요하다면 언제든 꺼내서 활용할 수 있는 상태를 갖출 때 학습이 완성되었다고 보는 견해입니다.

또 다른 시각도 있습니다. 스위스의 심리학자 장 피아제(Jean Piaget)는 학습을 '환경에 적응하는 가운데 지식이 구성되는 것'이라고 보았습니다. 또 구소련의 교육심리학자 레프 비고츠키(Lev Semenovich Vygotsky)는 '다른 사람들과의 상호작용 안에서 지식이 구성되는 것'이 학습이라고 했습니다. 이런 견해를 따르자면 선생님이 칠판에 글씨를 쓰면 공부가 시작되고, 전달된 지식을 꾸역꾸역 머릿속에 넣는 것만을 학습이라고 보기는 어렵습니다. 학습자가 상황 속에서 스스로 지식을 구성하고 다른 사람과 이야기를 나누고 교류하는 가운데 더 나은 지식으로 구성해 가는 것까지도 학습에 포함시켜야 하는 것입니다.

사실 이렇게 지식을 학습자 스스로 구성하게 한다는 아이디어는 지금껏 학교에서 제대로 선보인 적이 없습니다. 선생님 혼자서 1년 내내 이런 방식의 수업을 진행한다는 것은 무리가 있죠. 그런데 이제 우리에게는 메타버스 세상이 펼쳐집니다. 나를 대신해 주인공 노릇을 할 아바타로 자유롭게 오픈월드를 누빌 수 있게 된 것입니다. 실패를 걱정할 필요 없이 이것저것 시도해 볼 수 있고, 다른 사람들과 서로의 결과물을 공유하며 의견을 나눌 수도 있으며, 앞으로는 더욱 실감 나고 몰입되는 형태로 발전하고 체험하는 방식도 무척 정교해질 것입니다. 구름 속에 수많은 데이터를 넣다 뺐다 하면서 다른 친구들과 탐험할 수도 있고 말이죠. 구름 속에 넣는 데이터는 나날이 쌓여 갈 것이고 그것을 활용하는 방식 또한 계속 업데이트될 것입니다. 그리고 5G는 전 세계를 달리며 세계 속의 생생한 자료를 자유롭게 탐험할 수 있게 도와줄 것입니다.

2
메타버스는
양날의 검?

2016년 12월 4일, 워싱턴 DC의 '코메트 핑퐁(Comet Ping Pong)' 이라는 피자 가게에 한 백인 청년이 소총을 들고 침입합니다. 이 청년은 총을 발사하고 종업원을 위협하며 지하실을 찾습니다. 그 런데 찾고 찾았던 지하실을 찾지 못하자 순순히 경찰에 투항합니다. 그에게는 도대체 무슨 사연이 있었던 걸까요? 그의 사연을 이해하려면 라이프로깅 세계의 진짜 위험을 마주해야 합니다.

위 이야기 속 청년은 일명 '피자게이트'라고 불린 매우 괴상한 음모론을 완벽하게 진실로 믿고 있었습니다. 그 음모론은 그야말로 끔찍합니다. 미국의 유력한 정치인들이 어린아이를 학대하는 악마 숭배자들 조직에 속해 있고, 그들이 아이들을 거래하는 장소가 바로 '코메트 핑퐁'이라는 피자 가게라는 것이었습니다. 그 때문에 그는 최악의 상황에 처한 아이들이 갇혀 있다는 지하실을 찾았던 것입니다. 만약 이것이 사실이라면, 그 청년 에드거 매디슨 웰치(Edgar Maddison Welch)는 역사에 길이 남을 영웅이 되었을 것입니다. 그러나 안타깝게도 그런 일은 벌어지지 않았습니다. 그는 가짜 뉴스에 낚여 총기를 난사한 역사상 손에 꼽을 얼간이가 되고 말았습니다.

라이프로깅 세계가 수상하다

라이프로깅 세계는 무엇으로 움직일까요? 아니 정확하게 표현하자면, 어떤 것이 돈이 되기에 몇십억 명에 달하는 사람이 자신의 일상을 올리며 번창하고 있는 걸까요? 바로 사람들의 관심입니다. 라이프로깅 세계는 수없이 올라오는 관심을 광고주에게 팔아 돈을 벌고 있는 것입니다. 모든 것이 자연스럽게 흘러만 간다면 문제가 될 것은 없습니다. 하지만 그렇게만 운영되면 큰돈을 벌 수 없다는 데 함정이 있습니다. 사람들이 관심을 기울여도 좋을 진짜 가치 있는 것은 사실 그리 많지 않을 수 있기 때문입니다.

더 큰돈을 벌어들이기 위해서는 더 많은 관심이 필요합니다. 한정된 자원 안에서 더 많은 관심을 끌어내기 위해서는, 관심을 가지지 말아야 할 것에 관심을 쏟도록 만드는 것 외에 다른 방법이 없습니다. 그러다 보니 라이프로깅 세계에서 돈을 벌기 위해서는 결국 부자연스러운 '조작'이 이뤄질 수밖에 없습니다. 페이스북도 예외는 아니었습니다.

2018년 페이스북은 자신들의 제국에 접속한 사람들에게 게시물을 보여 주는 알고리즘을 바꿉니다. '사용자 유대 강화로 보다 건강한 사이버 공간을 만든다'라는 것이 공식적 이유였습니다. 달라진 알고리즘은 페이스북 안에서 서로 아는 사람들끼리 '공유'하거나 '좋아요'를 누른 게시물이 더 잘 노출되도록 만들어 주었습니다. 비슷한 관심사를 가진 사람들끼리 연결해 줌으로써 서로 돈독하게 지내라는 것이었죠. 하지만 라이프로깅 세계는 노력, 기대와는 정반대되는 결과를 보여 주었습니다.

이편에 있는 라이프로깅 세계 접속 화면이 자신의 생각과 비슷한 사실, 의견, 추측, 거짓 등으로 뒤범벅되어 갑니다. 그와 동시에 반대편에 있는 사람들의 라이프로깅 세계 속 화면은 완전히 다른 이야기로 도배됩니다. 그리고 둘의 사이에는 결코 좁힐 수 없는 깊은 골이 만들어지기 시작합니다. 개중에는 거짓으로 만들어진 뉴스를 믿고 폭주하다가 골짜기 사이로 발을 헛디뎌 추락하는 사람도 등장합니다. 아무 죄 없는 피자 가게에 총을 난사하며 있지도 않은 지하실을 찾았던 바로 그 청년처럼 말입니다.

많은 사람이 가짜 뉴스에 속아 자신의 인생을 파괴하는 일이 벌어졌다.

페이스북이 알고리즘을 바꾸자 매콤한 '마라 맛' 가짜 뉴스에 중독된 사람들이 수십 개의 편을 만들어 서로 흥분해대는 난장판이 벌어졌습니다. 나의 편견을 사실로 만들어 줄 그럴듯한 가짜 뉴스 커뮤니티로 사람들이 몰려들었습니다. 이 커뮤니티를 사용하는 비용은 무척 저렴합니다. 그저 관심 어린 한 번의 클릭이면 충분하죠. 그리고 '사람들이 관심을 보이고 몰린다'는 사실 하나만으로 광고주는 지갑을 엽니다. 페이스북 입장에서 이런 좋은 돈벌이를 마다할 이유는 없습니다.

미국 청소년이 망가지고 있다?

편협하게 편을 가르는 현상을 두고 페이스북은 어떤 공식적인 조처도 취하지 않고 있습니다. 그런데 라이프로깅 세계를 운영하는 기업이 상황을 방관하는 동안 훨씬 더 끔찍하고 충격적인 현상이 포착되었습니다. 미국의 청소년들이 라이프로깅 세계에서 망가져 가는 징후가 발견된 것입니다.

스탠포드대학교의 중독 의학 이중 진단 클리닉 소장 애나 램브크(Anna Lambke)는 라이프로깅 세계가 사람들 간의 연결을 최적화해 중독되게 만든다고 지적합니다. 그에 따르면 사람은 또 다른 사람과 연결되어야 하는 생물학적 의무를 가지고 있는 존재입니다. 사람이 무리를 지어 살면서 짝을 찾아 대를 이어 가는 형태로 진화해 온 것도 이러한 욕구를 채우기 위해서죠. 그런데 라이프로깅 세계는 최적화된 시스템을 통해 사람들의 욕구를 너무나 손쉽게 해결해 주고 있습니다. 끊임없는 알람과 지속적인 업데이트가 사람들의 관심을 자극하고, 알람을 확인한 사람들은 누군가 나와 연결되어 있다는 사실에 안도감을 얻습니다. 또한 끊임없이 업데이트되는 맞춤 뉴스를 제공받으면서 누군가 나를 존중해 준다는 착각에 빠지기도 합니다. 클릭 한 번이면 확실한 만족이 주어지는 최적화된 시스템 앞에서 사람들은 여지없이 중독되고 마는 것입니다.

페이스북 초기에 고위 임원이었던 차마스 팔리하피티야(Cha-math Palihapitiya)는 페이스북이 사람들로 하여금 관심에 집착하게 만든다고 지적합니다. 그리고 금방 공허해지는 인기를 좇다 보니 다음에는 뭘 해야 보상을 받을지를 끊임없이 고민하는 악순환에 빠진다고 말했습니다. 그가 말한 이런 악순환의 고리에 미국의 청소년들이 걸려든 것입니다.

2011년과 2013년 사이에 우울증과 불안을 겪는 미국 10대들이 엄청나게 증가하기 시작합니다. 그 기간 동안 해마다 미국의 10대 소녀 중 10만 명이 자해를 해 병원에 입원했습니다. 2010년이나 2011년까지는 그 수가 그리 많지 않았는데 나이가 어릴수록 증가세가 더욱 급격히 올라갑니다. 10대 후반 소녀들의 자해율이 62% 증가하는 동안, 10대 초반 소녀들의 비율은 189%로 거의 3배 가까이 증가하는 양상을 보였습니다. 그리고 자살률 또한 비슷한 양상으로 급격하게 늘어났습니다. 15~19세 소녀들의 자살률은 70%가 상승했고, 10대 초반 소녀들의 경우에는 151%나 상승했습니다. 이러한 비극적 변화가 시작된 시점은 라이프로깅 세계가 활성화된 시기와 정확히 일치합니다.

청소년은 만들어져 가는 시기입니다. 자신이 어떤 가치를 가진 사람인지, 그리고 진짜 가치 있는 것은 무엇인지 제대로 알아 가야 하는 나이죠. 그런데 라이프로깅 세계 안에는 자신만의 잣대로 타인을 함부로 평가하는 무수히 많은 사람이 존재합니다. 그리고 필요하다면 거짓을 가져와 사용하는 것도 서슴지 않는 무자비한 알고리즘이 지배하고 있습니다. 갈수록 편협해지는 유독한 환경에서, 20억 명에 달하는 사람의 시선에 노출된 청소년들이 건강하게 성장할 것을 바라기는 어려워 보입니다. 라이프로깅 세계를 만들고 운영하는 직업을 가진 실리콘밸리의 학부모들이 자신의 자녀가 절대로 그 세계에 접속하지 못하도록 단속한다는 것은 이미 유명한 이야기입니다. 하지만 그 이유가 자녀들이 파괴되는 것을 막기 위해서라는 것을 아는 사람은 아직 많지 않아 보입니다.

토론거리_9

스스로 소셜 미디어에 중독되었다고 느낄 때가 있나요? 소셜 미디어를 사용하면서 부정적 영향을 받지 않으려면 어떤 노력이 필요할까요? 개인의 노력 외에 필요한 것에 대해 토론해 보세요.

누구도 책임지지 않는 세계?

지금 페이스북은 창사 이래 최대 위기를 맞고 있습니다. 모르쇠로 일관하던 페이스북 내부에서 "아니요, 페이스북은 알고 있었어요!"라고 부르짖는 사람이 등장한 것입니다. 페이스북의 전 수석 프로덕트 매니저 프랜시스 하우건(Frances Haugen)이 그 주인공인데요. 그가 제공한 내부 문건을 토대로 미국의 17개 언론 사가 일제히 페이스북을 비판하는 기사를 쏟아 내기 시작했습니다. 그리고 또 다른 전직 직원은 미 증권거래위원회에 페이스북을 고발하기까지 했습니다. 내부 고발자로부터 제공받은 문건을 토대로 작성된 기사의 내용은 경악 그 자체입니다.

페이스북은 서비스의 상징과도 같은 '좋아요' 버튼의 부작용을 자체 연구를 통해 이미 알고 있었습니다. 청소년들이 '좋아요' 등 충분한 반응을 얻지 못하면 스트레스와 불안을 겪는다는 것을 알고 있음에도 서비스를 계속하고 있었던 것이죠. 심지어 연구를 진행한 사람들은 가짜 뉴스나 혐오 표현이 마구 들끓고 있는 것이 '페이스북의 핵심 메커니즘'이라고 보았습니다. 그리고 이런 페이스북의 메커니즘이 중립적이지 않으며 한쪽으로 치우쳤다는 결론을 이미 내린 상태였습니다.

이쯤 되면 페이스북 대표는 '눈물 쇼'라도 펼치며 사과를 했어야 마땅할 것 같은데, 그런 일은 일어나지 않았습니다. 마크 저커버그 페이스북 CEO는 문건을 짜 맞춰 거짓 이미지를 씌우려 한다며 반박했습니다. 그리고 정치적 양극화 같은 것이 비단 페이스북 같은 소셜 미디어에 국한되는 것이 아니라며 버티기에 돌입한 상황입니다. 왜 이러는 걸까요? 양심이 없어서? 아닙니다. 기업이란 곳이 원래 그렇기 때문입니다.

기업은 확실하고 정확한 결론이 나오기 전까지 자신이 먼저 사과하는 법이 거의 없습니다. 오히려 그들의 사과를 이끌어 내기 위해 피해자들이 엄청난 노력을 기울여야 하는 경우가 종종 있어 왔습니다. 실화를 바탕으로 한 영화 〈다크 워터스〉(2019)를 보면 이런 어려움을 절절히 느낄 수 있습니다. 미국의 거대 화학 기업 듀폰(DUPONT)이 구입한 매립지 주변 사람들이 엄청난 어려움을 겪게 됩니다. 젖소 190마리가 죽어 나가고 사람들은 메스꺼움과 고열에 시달렸으며 기형아가 출생하는 등 한 마을이 풍비박산됩니다. '이건 아니다'라는 신념에 가득 찬 변호사가 사건에 몰입하면서 긴 싸움이 시작됩니다. 듀폰은 발뺌도 하고, 수십 박스의 서류를 보내며 증거를 찾으라고 조롱하기도 하고, 소액의 배상금으로 흥정을 하려는 등 갖은 추태를 보입니다. 무려 20여 년간의 싸움 끝에 마침내 듀폰에 8,000억 원에 달하는 배상금을 지불하라는 판결이 나게 됩니다.

라이프로깅 세계뿐만 아니라 메타버스 세상 전체를 놓고 봤을 때도 동일한 문제가 발생할 수 있습니다. 메타버스는 기본적으로 사람들이 모여듦에 따라 성립되는 세계입니다. 그리고 그 기술의 난이도나 융합해야 하는 과제의 양을 봤을 때 앞으로 메타버스를 만들고 운영하는 것은 전적으로 기업의 몫이 될 가능성이 높습니다. 그런데 기업이 메타버스에 보다 많은 사람을 끌어 모으기 위해 인위적 조작을 가한다면? 그리고 그러한 시도가 예기치 못한 부작용을 낳아 사회를 혼란스럽게 만든다면? 그때 그런 사태를 책임지고 개선하겠다고 나서는 것은 누가 될까요? 기업일까요, 아니면 신념을 가진 또 다른 누군가일까요?

엄청난 가능성을 지닌 메타버스 세계가 시작될 지금, 이미 수많은 부작용이 감지되고 있습니다. 인간의 정체성을 파괴하고 옳고 그름을 혼란시켜 사회를 어지럽히는 수준의 부작용입니다. 언론은 집중포화를 퍼붓는 가운데 '규제'해야 한다며 목소리를 높이고 있습니다. 가상이 함께 하는 세상이 활짝 열린 다음 메타버스라는 양날의 검이 우리를 찌르기 전에, 지금의 상황이 잘 정리되어야 합니다. 규제라는 단단한 안전장치를 걸고 메타버스 시대를 열어 간다면 지금의 상황은 오히려 전화위복이 될 수 있지 않을까요?

3

학교야, 메타버스로
미래를 준비하자!

1850년대에 영국 웨일스 지역에서 가장 초현대적인 배로 손꼽히던 '로열 차터'호가 항구를 출발합니다. 몇백 명의 사람과 엄청난 양의 금을 싣고 의기양양하게 바다를 가로지르던 로열 차터호는 19세기 가장 강력한 허리케인 중 하나를 만나 좌초당하고 맙니다. 이로 인해 배에 타고 있던 사람들 중 450명이 목숨을 잃었습니다. 그때 당시 로열 차터호가 만났던 허리케인으로 침몰된 배는 자그마치 132척이었습니다. 이 예기치 못한 참사는 당시 신문에 도배가 됐습니다. 그리고 이 기사를 접한 로버트 피츠로이(Robert FitzRoy)는 날씨를 예보해야겠다는 결심을 하게 됩니다.

당시 피츠로이는 해군에서 은퇴한 후 상무부의 기상 국장으로 일하고 있었습니다. 그는 상사를 설득해 영국 해안 지역마다 기상 관측소를 세운 다음 매일 측정값을 수집했습니다. 이 측정값은 당시 시작 단계 기술이었던 전신 시스템을 이용한 것으로, 그는 실시간으로 기상 정보를 받아 선박 일지에 직접 기록했습니다. 드디어 1861년 7월 31일, 역사적인 첫 번째 '공공 기상 예보'가 세상에 첫선을 보입니다. 그런데 이 세계 최초의 일기예보는 멋지게 맞아 들어갔습니다.

피츠로이는 공공 기상 예보라는 멋진 신문물을 탄생시키고 억만장자가 되었을까요? 안타깝지만 그런 일은 벌어지지 않았습니다. 때로 일기예보가 맞지 않는 날이 꽤 많이 있었고, 그때마다 피츠로이는 엄청난 비난에 시달려야 했습니다. "당신 때문에 고기잡이를 못 했잖아!" "당장 그 일기예보 때려 치워!" 결국 피츠로이는 극심한 스트레스에 스스로 생을 마감하고 말았습니다. 그리고 몇 년간 피츠로이의 일기예보를 실었던 신문에 이런 문구가 올라옵니다. "믿을 만한 과학자들이 날씨를 예측하는 일은 다시는 없을 것이다."

여러분, 그 후의 세상은 신문사의 보도처럼 되었나요? 오늘날 영국에는 피츠로이의 이름을 딴 도로가 있습니다. 그리고 그 도로를 따라가면 세계에서 가장 큰 기상 관측 기관, 영국 기상청을 만날 수 있습니다.

직업 세계를 둘러싼 충격적 보고

피츠로이가 위대한 이유는 자신이 알고 있었던 몇 가지 지식을 연결해 지금까지 없었던 것을 만들어 낸 데 있습니다. 그가 연결했던 지식 중에는 당시에 막 세상에 선보인 전신 시스템도 포함되어 있었습니다. 한계를 두지 않는 상상력과 실패를 두려워하지 않는 실행력으로 세상을 바꾸는 데 성공한 것이죠. 이것은 비단 피츠로이에만 국한된 얘기가 아닙니다. 여러분도 피츠로이처럼 도전하는 삶을 살아야 앞으로의 세상에서 성공할 수 있습니다.

4차 산업혁명은 여전히 현재 진행형입니다. 이로 인해 여러분은 지금과는 엄청나게 달라진 세상에서 살아가게 될 것입니다. 우선은 자동화 기술이 사람을 대체하여 일자리가 줄고, 인공지능으로 인해 앞으로 약 510만 개의 일자리가 사라질 것이라는 전망이 나왔습니다. 더 충격적인 것은 일자리 200만 개가 새로 생겨나는 대신 710만 개의 일자리가 사라질 거라는 것입니다. 또 기술이 발전하면서 제품을 생산하고 판매하는 방식 자체가 달라지게 되는데, 이로 인해 그와 관련된 기술도 쓸모없어지게 됩니다.

어떤 학자들은 2030년까지 지구상에 존재하는 직업의 약 50%가 사라질 것으로 전망하기도 합니다. 조금 더 구체적으로 들여다보면 2025년이 되면 산업용 로봇이 4,000만~7,500만 개의 일자리를 대체하고, 지능형 알고리즘이 1억 1,000만~1억 4,000만

개 정도의 일자리를 대체할 것이라고 합니다. 물론 예측이기 때문에 수치나 연도가 조금 달라질 수 있습니다. 하지만 상상을 뛰어넘는 어마어마한 변화가 직업 세계에서 벌어질 것이라는 사실에는 변함이 없을 것 같습니다.

기술의 발전 앞에 우리의 일자리가 속수무책으로 잠식당하는 이유는 무엇일까요? 이는 사람의 신체적 능력과 지적 능력은 한계가 있는 반면 기술 발전에는 한계가 없기 때문입니다. 이로 인해 산업 현장에 필요한 능력치와 근로자가 보유한 능력의 격차가 커지는 현상이 벌어지게 될 것입니다. 그러면 자연스럽게 사람은 기술에게 자신의 일자리를 내어 줄 수밖에 없습니다.

일자리가 줄어드는 것도 문제지만 일하는 모습이 달라지는 것도 문제입니다. 앞으로는 직장에서 대화하는 모습이 달라질 것입니다. 카카오톡, 메신저, 줌 회의뿐만 아니라 증강현실이나 가상현실 등 메타버스를 활용한 대화도 이뤄질 예정입니다. 굉장히 다양한 자료를 읽고 이해하고 빠르게 정리해야 하는 과제도 생겨날 것입니다. 그 때문에 새로운 기술과 새로운 기계를 잘 다루는 것이 필수가 될 예정입니다. 업무를 효율적으로 만들어 줄 기술은 끊임없이 발전할 테니까요. 한편 다양한 전문가와 함께 협업해야 하는 상황도 많아질 것입니다. 앞으로 등장할 직업은 다양한 기술이 융합된 업무를 처리하게 될 것이기 때문입니다. 미래 사회에서 신제품을 출시하기 위해 기획하고 설계하고 제작, 판매하는 업무를 한번 떠올려 볼까요? 인공지능은 기본에, 클라우드 기반일 것이고, 시제품 제작은 혼합현실로 처리하며, 제작에는 3D 프린터를 활용할 가능성도 있습니다. 물품을 운반하는 것은 드론이나 자율주행 차량이 처리할 가능성이 높아 보입니다. 그러나 이 모든 것을 한 사람이 알아서 처리하는 것은 불가능하고, 결국은 기계와 분야별 전문가들이 함께하는 세상이 된다는 뜻입니다.

그렇다면 여러분은 앞으로 어떤 직업을 가질 수 있을까요? 다음 제시된 미래 전문직의 12가지 역할을 살펴봅시다.

미래 전문직의 12가지 역할

역할	내용
장인	다른 방식으로는 공급받을 수 없고, 아무리 유능한 기계라 해도 수행할 수 없는 일을 하는 재능 있고 숙련된 개인
조수	장인에게 필요한 사람으로, 자신이 속한 특정 전문직 분야의 지식과 기술을 갖추고 있지만 전문가는 아닌 사람
준전문가	표준 절차와 시스템의 도움을 받아 지금은 최고 수준의 전문가가 낼 만한 성과를 보여 주는 사람

공감자	- 자신에게 도움을 청한 사람의 말을 듣고 공감해 주는 역할 - 자기 업무 수요자에게 올바른 답을 주는 것만큼이나 중요한 요소인 '안심'을 제공하며, 현명하고 이해심 많고 한 분야에 얽매 이지 않는 개인
연구개발자	- 전문가 및 기타 공급자는 전문 분야에서 지식을 계속 새롭게 유지할 뿐만 아니라 실용적으로 전문성을 전달할 새로운 방식 을 개발할 필요가 있음 - 이를 위한 새로운 능력, 기법, 기술을 개발하는 사람
지식공학자	- 교과서에 있는 것이든 전문가의 머리에서 끌어낸 것이든 해당 전문성 영역을 분석하고, 그 지식을 일반인이나 준전문가가 직 접 사용할 수 있는 형태로 온라인에서 표현해 주는 역할 수행 - 비교적 보편적이고 다양한 환경에서 문제를 해결하고, 조언하 며, 지침을 제공하는 역할 수행 - 이러한 업무에 사용하고 적용할 수 있는 지식 모형을 발전시 키는 작업 수행
공정분석가	- 전문가의 업무를 분석하고 이를 의미 있으면서 관리 가능한 단위로 나눈 후 각각에 가장 잘 맞는 적절한 작업 방식 도출 - 준전문가를 지원할 절차와 공정을 만들어 내는 데도 관여 - 실질적 지식과 노하우를 조합하여 전문성과 경험을 준전문가 가 적용할 수 있도록 흐름도, 체크리스트, 의사 결정 나무 등의 형식으로 정리된 결과물 제공
조정자	- 대규모로 구축된 실용적 전문성에 기반을 둔 공동체와 자원 을 해당 분야 전문가가 더욱 구조적이고 체계적으로 조정하는 작업 진행 - 대부분의 내용을 감독하고 품질을 관리하는 절차 수행

설계자	- 앞으로 온라인을 통한 실용적 전문성 공급 자체가 핵심 작업이자 중요한 전문 분야가 될 것임 - 시간이 지날수록 온라인 서비스는 직관적이고 사용하기 간단하며 지식수준이 다양한 사용자에게 두루 적합하게 설계될 것이고, 또한 손쉽게 문제를 해결할 뿐 아니라 문제를 미연에 방지하는 데도 초점을 맞출 것임 - 이러한 온라인 제공 분야에서 시스템 자체를 구상하고 설계하는 역할 수행
시스템 공급자	전문 서비스를 온라인으로 전달하는 사람
데이터 과학자	상관관계, 추세, 인과관계를 통찰하려는 의도로 대량의 정보를 수집하고 분석하는 데 필요한 도구와 기술에 숙달된 전문가
시스템 공학자	- 스스로 실용적 전문성을 생성해 낼 것으로 예측되는 기계(인공지능 시스템, 빅데이터 시스템, 지능형 검색 시스템)를 개발하는 데 집중할 전문가 - '지식 내장' 또는 '기계 생성' 모형에 따라 운영되는 시스템을 설계하는 주체

(출처: 《4차 산업혁명 시대, 전문직의 미래》)

메타버스로 미래 사회 구독해 보기

앞으로의 직업 세계는 지금과는 완전히 달라질 것입니다. 수많은 직업이 사라질 것이고 이전에 없던 직업이 세상에 등장할 것입니다. 결국 이전과 완전히 다른 세상에서 이전에 없던 일을 해낼 수 있어야 한다는 것입니다. 그런데 솔직히 너무 어려운 이야기가 아닐 수 없습니다. 한 가지 다행인 것은 미래가 새로운 것은 모두에게 마찬가지라는 점입니다. 그렇기에 무엇보다 중요한 것은 정확한 방향으로 달려가는 것이겠죠.

2021년 초, 중국에서 농업 경진대회가 열렸습니다. 이때 흥미로운 대진이 펼쳐졌습니다. 프로 농부와 AI를 들고 나온 농업 대학 학생들이 맞붙은 것입니다. 결과는? 프로 농부의 패배였습니다. 이 사건에는 앞으로의 세상에서 성공하기 위해 어떻게 살아야 할지에 대한 중요한 힌트가 담겨 있다고 볼 수 있습니다. 즉 오랜 시간 한 분야에서 집중적으로 경험을 쌓았다고 해도 그것이 정답이 아닐 수 있다는 사실입니다. 오히려 관련된 지식을 학습하고 적절한 신기술을 활용하는 사람들이 더 좋은 결과를 만들어 낼 수 있는 것입니다. 여기서 우리는 기상 예보 시스템을 만든 피츠로이의 삶을 눈여겨볼 필요가 있습니다.

피츠로이는 다양한 경험을 쌓은 사람이었습니다. 12세 때 해군 학교에 입학했고 13세에는 영국 해군에 입대했습니다. 바다와 함께 경력을 쌓아 가던 중 진화론을 주장한 찰스 로버트 다윈(Charles Robert Darwin)이 참여한 두 번째 비글호 항해 시 함장을 맡기도 했습니다. 또한 그는 해군 군인이자 기상학자, 지질학자, 지리학자였습니다. 그뿐만 아니라 측량학자이자 수로학자이기도 했습니다. 이렇듯 피츠로이는 다양한 경험을 쌓아 가면서 많은 지식을 풍부하고 깊이 있게 학습한 매우 뛰어난 지식인이었습니다. 그는 이런 경험을 통해 '항해'와 '날씨'라는 개념을 깊이 있게 학습했을 것입니다. 그리고 이러한 바탕 위에 '상상력'을 발휘한 것입니다. 자신이 깊이 알고 있는 주제들에 이제 막 세상에 선을 보인 전신 시스템을 연결한 것이죠. 그렇게 피츠로이는 세상에 없던 공공 기상 예보를 최초로 만들어 내기에 이릅니다.

정리해 보면 이렇습니다. 다양한 경험을 하는 가운데 깊이 있게 몇 가지 주제를 학습하면서, 새로운 기술을 과감하게 연결할 수 있어야 한다는 것입니다. 그럴 때 세상에 없던 것을 만들어 낼 수 있고 주도적으로 세상을 이끌어 갈 수 있습니다. 그런데 왠지 쉽지가 않은 것 같죠?

먼저 다양한 경험에서 막힐 수 있습니다. 책상에 앉아서 할 수

우리를 지금까지와는 차원이 다른 학습의 세계로 안내하는 가상현실

있는 경험에는 한계가 있기 때문입니다. 이때 메타버스가 해답이 될 수 있습니다. 거울 세계가 여러분을 다양한 경험의 현장으로 안내할 수 있을 것입니다. 거울 세계에서 세상 이곳저곳을 둘러보며 간접적인 경험을 쌓아 가는 것이죠. 3D로 도시 전체를 스캔하는 서비스도 계속 발전 중이기 때문에 거울 세계의 가능성은 앞으로 더욱 넓어질 것으로 보입니다. 증강현실 또한 다양한 역사적 유물이나 사물을 체험해 보는 훌륭한 도구가 될 수 있습니다. 구글의 '아트 앤 컬처(Arts & Culture)'가 대표적이라 할 수 있는데요. 백과사전같이 책 속에 갇힌 이미지를 3D로 구현해 확대·축소해 보며 내부를 분해하는 등 훨씬 질 좋은 체험이 가능합니다.

다음으로 깊이 있는 학습입니다. 깊이 있는 학습을 하려면 '이게 정말로 이런 거였구나, 나한테는 이런 의미가 있겠구나'라는 생각이 들 정도로, 여러분과 관련이 있는 상황 속에서 여러분의 감정을 움직이는 학습이 이뤄져야 합니다. 가상현실을 활용해 학습자가 주인공인 상황을 제공한다면 몰입되는 학습 환경 제공이 가능할 것입니다. 특히 증강현실을 통해 설명으로만 접했던 현상이나 역사적 사건 등을 뚝 떼어 3D 공간화한 다음 자세히 들여다보는 것이 좋은 대안이 될 수 있습니다. 이때 라이프로깅 세계와 학습 과정을 연결해 나의 일상으로 학습이 이어지도록 구성해 보는 것도 좋은 아이디어가 될 수 있을 것입니다.

다음으로 새로운 기술을 접목해 보는 것입니다. '발명왕' 토머스 에디슨(Thomas Alva Edison)은 어린 시절 신기술을 활용해 보고자 여러 위험한 실험을 하다가 화재를 일으켜 쫓겨나는 등 어려움을 겪었다고 합니다. 하지만 메타버스에서는 가상공간에서 정교한 이미지로 구현된 기기를 활용해 새로운 기술을 접목해 보는 것이 가능합니다. 실패하더라도 엄청난 손해가 발생하는 것이 아니기 때문에 얼마든지 새로운 시도가 가능하지요. 현재는 교육과 관련된 신기술이 급속도로 발전하고 있습니다. 많은 기업이 에듀테크라는 분야에 집중적인 투자를 이어 가는 중이기도 합니다. 조만간 5G 기반의 플랫폼에서 클라우드 방식을 활용해 다채로운 3D 이미지 기반의 학습 콘텐츠를 자유롭게 활용할 수 있는 환경이 열리지 않을까요? 그때가 되면 방대한 학습 콘텐츠의 바다 위로, 새롭게 등장하는 기술들과 동기화된 학습 콘텐츠가 지속적으로 업데이트되는 환경이 펼쳐질 것입니다. 그리고 그것을 구독의 형태로 자유롭게 활용할 수 있는 학교가 완성될 텐데, 우리는 그것을 메타버스 학교라 부르게 될 것입니다.

어차피 가야 할 미래, 여러분의 선택은?

최근 영화 〈이터널스〉(2021)가 개봉했습니다. 여러 초능력자들이 나와 독특한 자신만의 능력으로 지구를 구하는 내용이 펼쳐졌습니다. 그런데 초능력자들 중 '파스토스'의 능력이 눈에 띄었습니다. 허공에 사물을 불러와 조립하고 분해하여 새로운 기계를 만들어 내는 능력자였는데요. 이제 막 인류가 농사를 짓기 시작하고 바퀴를 만들기 시작할 때 자동 농사 기계의 핵심이 될 엔진을 만들어 내는 등 초월적인 면모를 발휘합니다. 그리고 영화의 클라이맥스, 지구가 멸망할 위기 속에서 모든 것을 뒤집을 최종 병기를 구상해 내는 것도 파스토스입니다. 즉시 허공에 부품을 소환하고 이 부품을 재구성한 다음 작동 원리까지 반영합니다. 그러자 허공 속에서 완성된 최종 병기가 성공적으로 작동되는 것이 확인됩니다. 이내 그는 비장한 표정으로 지구를 구할 최후의 결전에 돌입합니다.

허공에 상상하던 것을 펼쳐 보고, 실제로 그것을 구동시켜 작동하는 것을 확인하는 환경. 말만 들어도 당장 어떤 것이든 시도해 보고 싶은 마음이 생겨날 정도로 무척 흥미로운 상황이 아닐 수 없습니다. 만약 파스토스처럼 걱정 없이 실패해 볼 수 있는 환경이 주어진다면 여러분도 위대한 능력자가 될 수 있지 않을까요? 그리고 메타버스 학교가 열리는 날 이 모든 것은 현실이 되어 우리에게 다가오지 않을까요?

지금까지 메타버스를 언박싱해 봤습니다. 이제 막 시작된 세상이지만 벌써부터 전 세계를 대상으로 굉장한 영향력을 미치고 있습니다. 물론 현재 버전의 메타버스에 부정적인 의견이 있는 것도 사실입니다. 하지만 실감 나는 가상의 세계를 완성하는 기술이 급속도로 발전하고 있어 메타버스를 또 다른 현실로 받아들이는 것은 시간문제로 보입니다. 여러분 앞에 무한대의 자유, 경제적 기회, 새로운 나를 만들어 갈 수 있는 가능성 등등 또 다른 삶의 터전으로 삼아도 좋을 신대륙이 우주만큼 넓게 열리고 있습니다. 여러분은 어떻게 메타버스 시대를 맞이할 계획인가요?

소비자로 지내는 것도 방법일 수 있습니다. 게임 방송을 보면 재미있게 콘텐츠를 소비하는 모습만으로도 충분히 경제적 풍족함을 누리며 살아갈 수 있는 길이 있습니다. 물론 여러 사람 앞에 나를 드러내는 것을 끝까지 즐길 마음의 준비가 되셨다면 말입니다. 다른 한편으로는 생산자로 자리매김하기 위해 준비하는 것도 가능합니다. 비교적 손쉽게 짜인 개발 프로그램을 활용해 지금이라도 경제활동을 시작할 수 있는 곳이 바로 메타버스이기 때문입니다. 이 책을 쓰는 사람으로서 제가 의견을 내자면 소비자가 되었든 생산자가 되었든, 여러분이 언박싱된 메타버스를 적극적으로 받아들여 다음 시대의 주인공으로 활약하면 좋겠습니다.

수많은 메타버스가 앞으로 여러분의 클릭을 기다리게 될 것입니다. 아니, 이미 여러분 앞에 클릭 한 번이면 접속 가능한 세상이 펼쳐지고 있습니다. 학교 또한 마찬가지입니다. 자유로운 탐구,

손해 보지 않는 시행착오가 가능한 곳, 메타버스 학교

손해 보지 않는 시행착오가 가능한 메타버스 학교가 여러분 앞에 열려 있습니다. 클릭을 통해 광활한 메타버스 학교로 달려가 마음껏 모험을 즐길 수도 있고, 패놉티콘에 남아 주어지는 지식을 받아들이는 것을 유지할 수도 있습니다. 어떤 길을 선택해도 무방하지만 그 선택에 따라 여러분에게 주어지는 결과는 판이하게 다를 수 있습니다. 저는 기왕이면 여러분이 마음껏 성장할 수 있는 환경에서 무럭무럭 자라 성장할 수 있는 최대치까지 올라갔으면 좋겠습니다. 각자에게 가능성이라는 씨앗이 주어진 것은 그것을 활짝 꽃피울 수 있는 잠재력 또한 주어졌기 때문이 아닐까요?

여러분, 우리 함께 메타버스 학교로 달려가요!

참고 자료

https://paxnetnews.com/articles/77073
팍스넷뉴스. [NFT 코인열전] 디센트럴랜드, 메타버스 속 '건물주' 돼볼까, 〈③ 게임 속 토지가 수억원대에 거래…마나 코인도 상승세〉

https://www.youtube.com/watch?v=wYeFAlVC8qU
Travis Scott and Fortnite Present: Astronomical (Full Event Video)

https://www.youtube.com/watch?v=9bZkp7q19f0
PSY - GANGNAM STYLE(강남스타일) M/V

https://www.youtube.com/watch?v=jDCUQD5R04k
제336회 순천사랑아카데미, '현실과 가상의 결합, 메타버스 혁명', 김상윤 교수

https://www.youtube.com/watch?v=yX9ABQfT17Q
2021 IITP Academy 1-2, 로그인 메타버스:인간 × 공간 × 시간의 혁명, 이승환 박사

https://post.naver.com/viewer/postView.naver?volumeNo=32376809&memberNo=3185448&vType=VERTICAL
LG CNS 블로그. IT Solutions. 헬스케어부터 재택근무까지! '몰입형 기술이 만드는 VR 트렌드'

https://www.youtube.com/watch?v=ojF6-BTRFoE&ab_channel=%EC%97%90%EB%93%80%ED%85%8C%ED%81%AC%ED%94%8C%EB%9F%AC%EC%8A%A4
[2021KSET포럼] 교육공학자를 위한 메타버스 A~Z

https://www.netflix.com/watch/81262746?trackId=13752289
넷플릭스, 〈오징어 게임〉, 2021년, 황동혁 연출

https://www.youtube.com/watch?v=DEXSara6x-A&t=808s
티타임즈TV, 더 늦기 전에 올라타야 할 메타버스 총정리(종합편)

https://www.youtube.com/watch?v=cnq5JW5QzYA&ab_channel=%EB%AF
%B8%EB%9E%98%EC%B1%84%EB%84%90MyF

미래채널 MyF, 끊이지 않는 메타버스 열풍, 최신 내용 업데이트

https://www.youtube.com/watch?v=fJ-Lu1p2YPE&t=1088s&ab_channel=
%EB%AF%B8%EB%9E%98%EC%B1%84%EB%84%90MyF

미래채널 MyF, 메타버스 적용 사례 총정리

한국콘텐츠진흥원, CONTENT STEP UP Technology, 콘텐츠 기술 in 메타버스, 〈또 다른 나, 아바타의 진화와 비즈니스 - Z세대의 놀이터, 메타버스 세계 속 주인공 '아바타'〉

한국콘텐츠진흥원, CONTENT STEP UP Technology, 콘텐츠 기술 in 메타버스, 〈상상을 현실로, VFX 트렌드 - 한국 VFX, 세계로 뻗어나가다.〉

한국콘텐츠진흥원, CONTENT STEP UP Technology, 콘텐츠 기술 in 메타버스, 〈엔터테인먼트와 XR, MR - 실감 콘텐츠, K-POP을 만나다.〉

https://www.youtube.com/watch?v=wUUpGCQNxB4&t=4357s&ab_chann
el=%EC%B6%A9%EC%B2%AD%EB%B6%81%EB%8F%84%EB%8B%A8
EC%9E%AC%EA%B5%90%EC%9C%A1%EC%97%B0%EC%88%98%EC%
9B%90

충청북도단재교육연수원, 메타버스(Metaverse), 교육 안으로 들어오다

https://www.yonhapnewstv.co.kr/news/
MYH20211117018600038?did=1825m

연합뉴스TV, '오징어 게임' 압도적 1위 ... 첫 4주간 무려 16억 시간 시청

https://blog.naver.com/creative_ct/221092149022

문화기술 인사이트, AR로 만들어낸 '스타워즈: 라스트 제다이'의 특별한 이벤트

https://m.post.naver.com/viewer/postView.nhn?volumeNo=4710772&me
mberNo=4505449&vType=VERTICAL

PNN, 포켓몬 GO, 독일에 직접 날아가봤습니다.

https://www.etnews.com/20211231000196

전자신문, 가구업계, AR·VR 첨단 서비스 러시

https://www.hankyung.com/finance/article/202104015704i

게임이 현실로?···MS '미래형 전투고글', 美육군과 25조원 계약

〈아바타〉, 2009년, 미국, 제임스 카메론 감독

https://www.techm.kr/news/articleView.html?idxno=90407
TechM, "메타버스에서 회의하자" 마이크로소프트 '팀즈용 메시' 공개

https://blog.naver.com/cashcar_plus/222115343894
스밋업, 사용자 5000만 명 달성까지 걸린 시간?!

https://www.mk.co.kr/news/business/view/2020/11/1143960/
매일경제, "아! '테슬라' 형, 車가 왜 이래"···혁신 최고, 품질 최악

https://www.youtube.com/watch?v=DL12hW9I9X8
레볼루션투데이Revolution Today, 논란된 토요타 광고 영상, 일본 자동차산업의 미래
를 보여주는 영상

https://www.youtube.com/watch?v=R9XGLkwkQGM&t=330s
김한용의 MOCAR, 도요타 이대로 가시나요? 다시는 전기차를 무시하지 마라! (5년 후
현대차는? feat.그린피스)

https://health.chosun.com/site/data/html_dir/2021/12/23/2021122301852.
html
헬스조선, "화상회의 '줌 피로' 일으켜··· 카메라 끄는 게 나아"

https://snu.ac.kr/snunow/snu_story?md=v&bbsidx=133195
서울대뉴스, 취업 정보도 메타버스에서? 2021 서울대학교 메타버스 채용박람회

http://www.newscj.com/news/articleView.html?idxno=53796
천지일보, [휴대폰 역사①] 대한민국 휴대폰, 22년의 발자취

http://www.newscj.com/news/articleView.html?idxno=53798
천지일보, [휴대폰 역사②] 대한민국 휴대폰, 22년의 발자취

https://news.kbs.co.kr/news/view.do?ncd=4135732
KBS NEWS, 국민 95%가 스마트폰 사용···보급률 1위 국가는?

https://www.yna.co.kr/view/AKR20191011023600017
연합뉴스, 중고교생 스마트폰 보유율 95%···하루 이용 시간 2시간 이상

https://www.joongang.co.kr/article/23587868
중앙일보, '대안 노벨상' 받은 그레타 툰베리, 유엔 연설 풀버전 보니

https://blog.naver.com/mogefkorea/221978078890
대한민국 여성가족부, 코로나19 현황 정보 플랫폼, '코로나나우'를 개발한 청소년들

https://www.coronanow.kr/
코로나나우 홈페이지

https://www.segye.com/newsView/20140530004261
세계일보, [김진춘의 종교과학 에세이] 플라톤의 동굴

https://www.youtube.com/watch?v=sxwn1w7MJvk&t=4s&ab_
channel=BBC
BBC, The Rubber Hand Illusion - Horizon: Is Seeing Believing? - BBC Two

https://brunch.co.kr/@dongseop/12
정신건강과 가상현실, VR 경험이 만드는 가짜 기억

https://post.naver.com/viewer/postView.nhn?volumeNo=20744464&mem
berNo=16485321&vType=VERTICAL
데일리포스트 - 사이언스2.0, 사람은 증강현실(AR) 아바타도 사람으로 인식한다?

https://edu.kocca.kr/edu/onlineEdu/openLecture/view.do?pSeq=453&pag
eIndex2=&pLectureCls=&&searchCnd=1&searchWrd=vr&menuNo=50008
5&pageIndex=1
EDU KOCCA, VR 콘텐츠의 특징 및 제작의 이해 1 - VR 콘텐츠의 특징 및 역사

https://www.youtube.com/watch?v=4BOwLCoBqCs
VR Roundtable, Virtually There: The History of Virtual Reality (documentary)

https://terms.naver.com/entry.naver?docId=4390070&cid=60217&category
Id=60217
네이버 지식백과, 라이다(Lidar)

https://terms.naver.com/entry.naver?docId=3574486&cid=58941&category
Id=58960
네이버 지식백과, 바퀴의 발명 - 역사 속 바퀴의 흔적을 찾아라!

http://www.upinews.kr/newsView/upi202109140061
UPI뉴스, '리니지W' 사전예약·'블소2' 출시에도 NC 주가 '뚝뚝'…왜?

https://www.fetv.co.kr/news/article.html?no=105176
FETV, [게임월드]〈6〉펄어비스, 붉은사막, 도깨비로 AAA급 제작사 등극

https://www.youtube.com/watch?v=FaRbQHlegaM&t=126s&ab_channel=DokeV
DokeV, 도깨비(DokeV) - 월드 프리미어 게임플레이 트레일러 | Gamescom 2021

〈매트릭스〉 1999년, 미국, 릴리 워쇼스키 · 라나 워쇼스키 감독

https://m.post.naver.com/viewer/postView.nhn?volumeNo=4838861&memberNo=29481007
VR연구소, 가상현실 구현의 또 다른 방법, CAVE

http://www.rebeccaallen.com/projects/aspen-movie-map
REBECCA ALLEN, Aspen Movie Map

https://ko.wikipedia.org/wiki/%EC%95%84%EC%9D%B4%EB%B2%88_%EC%84%9C%EB%8D%9C%EB%9E%9C%EB%93%9C
위키백과, 아이번 서덜랜드

https://ko.wikipedia.org/wiki/%EC%95%99%ED%86%A0%EB%83%89_%EC%95%84%EB%A5%B4%ED%86%A0
위키백과, 앙토냉 아르토

https://m.post.naver.com/viewer/postView.nhn?volumeNo=15966401&memberNo=11878375&vType=VERTICAL
게임동아, [꿀딴지곰 겜덕연구소] VR 분야에도 레트로가 있다! 90년대 VR 게임을 살펴보자!

https://www.samsungsds.com/kr/insights/augmented-reality-technology.html
삼성SDS, 생산성을 높이는 증강현실 기술 '증강현실 기술의 제조업 적용' 사례

http://www.shinailbo.co.kr/news/articleView.html?idxno=1482427
신아일보, "꿈꾸는 인테리어, 미리 확인하세요"…어반베이스, 개인용 서비스 출시

https://m.post.naver.com/viewer/postView.nhn?volumeNo=28325387&me
mberNo=2950908
BIZION, 특정 사물의 이미지만 오려내는 'AR 기술' 탄생

https://www.cosinkorea.com/news/article.html?no=26823
COS'IN, [EU 리포트] 로레알, 디지털 전략 가속화

〈홀로그램 포 더 킹〉, 2016년, 독일·미국·영국·프랑스, 톰 티크베어 감독

〈제로 다크 서티〉, 2013년, 미국, 캐스린 비글로우 감독

〈아이 인 더 스카이〉, 2016년, 영국, 개빈 후드 감독

https://www.netflix.com/watch/81278148?trackId=14170286
넷플릭스, 〈지옥〉, 2021년, 연상호 연출

〈레디 플레이어 원〉, 2018년, 미국, 스티븐 스필버그 감독

https://zdnet.co.kr/view/?no=20210910092342
ZDNetKorea, 페이스북, 스마트 안경 공개…"레이벤 선글라스와 똑같네"

https://www.inven.co.kr/webzine/news/?news=263564
iNVEN, 차세대 MR 헤드셋 '매직리프2' 첫 공개

https://www.bloter.net/newsView/blt202112050004
BLOTER, 애플 AR 헤드셋, 내년에는 베일 벗을까

https://gaetaku.tistory.com/15
게탁 하우스, 초강추 VR 게임 16선

https://www.inven.co.kr/webzine/news/?news=264360
iNVEN, [기획] 다음 세대의 VR 헤드셋, 어떤 모습일까?

https://namu.wiki/w/%EB%8B%A4%EB%A7%88%EA%B3%A0%EC
%B9%98
나무위키, 다마고치

https://www.khgames.co.kr/news/articleView.html?idxno=129063
경향게임스, 모인, 풀바디 VR모션 슈트 'X-1MS' 출시 발표회 예고

https://terms.naver.com/entry.naver?docId=3586683&cid=59277&category

Id=59278
네이버 지식백과, 뇌·컴퓨터 인터페이스(Brain-Computer Interface)

2021년 국가연구개발 우수 성과 100선 선정(잠정) 성과별 요약서

https://kbench.com/?q=node/192894
KBENCH, 가상현실에서 촉감을 전달하는 VR 컨트롤러 '덱스터ES(DextrES)'

https://news.nate.com/view/20210927n16349
파이낸셜뉴스, 메타버스에서 손으로 만지고 느끼는 VR장갑 만들었다

https://blog.naver.com/tech-plus/222279561900
테크플러스, VR 컨트롤러 다른 것 필요 없이 '손목밴드' 하나면 충분

http://it.chosun.com/site/data/html_dir/2021/03/21/2021032100077.html
ITChosun, "키보드 치워" 페이스북, 차세대 컴퓨팅 플랫폼 개발 박차

https://zdnet.co.kr/view/?no=20170223093755
ZDNetKorea, 발 조작 VR컨트롤러 '3d러더', GDC 출품

https://www.gamemeca.com/view.php?gid=1504597
GameMeca, VR 게임하면서 뛸 수 있는 '사이버슈즈' 나온다

https://www.samsung.com/sec/galaxy-5g/evolution-to-5g/
삼성, 5G 히스토리 - 3G 기술부터 초고속 5G 시대까지

https://domashand.tistory.com/116
Domas Hand Blog, 클라우드 뜻? 클라우드란? 클라우드의 정의, 개념, 서비스 유형 등 알아보기

https://terms.naver.com/entry.naver?docId=5756464&cid=43667&category
Id=43667
네이버 지식백과, 게임 스트리밍

https://post.naver.com/viewer/postView.naver?volumeNo=32982750&me
mberNo=25267492&vType=VERTICAL
현대캐피탈, 게임 체인저, '클라우드 스트리밍 게임'이 온다.

https://biz.chosun.com/international/international_economy/2021/11/02/

QRHJ5F5LSJHA7GBX5PGDG4OVGQ/?utm_source=naver&utm_
medium=original&utm_campaign=biz
ChosunBiz, 로블록스, 이용중단 사태로 시가총액 2조원 가까이 '증발'

https://www.donga.com/news/article/all/20160630/78952025/1
동아닷컴, 미래학자 앨빈 토플러 별세…"한국 학생들, 불필요 지식 위해 하루 15시간
낭비"

https://educommissionasia.org/what_is_htht_education/
아시아교육협회, HTHT교육의 배경 - 전 세계에 닥친 학습위기

http://news.tf.co.kr/read/life/1441332.htm
THE FACT 사회, 한국 아동, 삶 만족도 OECD 국가 중 꼴찌…'자살 시도'

https://happyedu.moe.go.kr/happy/bbs/selectBoardArticleInfo.do?bbsId=B
BSMSTR_000000000231&nttId=11042
행복한 교육, 4차 산업 혁명 시대에 필요한 '6C'를 갖춘 미래 인재

http://www.jabo.co.kr/11563
대자보, 미셸 푸코 : '판옵티콘'이란 무엇인가

https://magazine.contenta.co/2019/08/z%EC%84%B8%EB%8C%80-
%EA%B7%B8%EB%93%A4%EC%9D%80-%EB%88%84%EA%B5%AC%EC
%9D%BC%EA%B9%8C%EC%9A%94/
contenta M, Z세대가 온다! Z세대 그들은 누구일까요?

https://www.yna.co.kr/view/AKR20191203135300004
연합뉴스, 한국 읽기점수 국제비교 사상최저…수학·과학도 中·日에 밀려

http://www.footballist.co.kr/news/articleView.html?idxno=22434
풋볼리스트, [영화] 인터스텔라는 교육의 미래다

https://www.ajunews.com/view/20161206141110378
아주경제, '피자게이트'에 낚인 美 남성, 워싱턴 피자가게서 총질…가짜뉴스 심각성 노출

https://www.hani.co.kr/arti/opinion/because/1017828.html
한겨레, 페이스북, 무엇이 문제였을까

https://www.netflix.com/watch/81254224?trackId=13752289&tctx=0%2C0

%2C039ea6c2128de2e0816d2ca3e6894e27b4a057db%3A279aa9d7c63257
cd9085bcc83b4a6298e5032628%2C039ea6c2128de2e0816d2ca3e6894e27
b4a057db%3A279aa9d7c63257cd9085bcc83b4a6298e5032628%2Cunkno
wn%2C%2C%2C
넷플릭스, 〈소셜딜레마〉, 2020년, 미국, 제프 올롭스키 감독

https://www.joongang.co.kr/article/25012150#home
중앙일보, "10대 자살충동 조장 알고도 방치"…페북 내부고발자의 폭로

〈다크워터스〉, 2020년, 미국, 토드 헤인즈 감독

https://www.netflix.com/watch/81084954?trackId=14170287
넷플릭스, 〈커넥티드: 세상을 잇는 과학 - 구름과 클라우드〉

https://ko.wikipedia.org/wiki/%EB%A1%9C%EB%B2%84%ED%8A%B8_%
ED%94%BC%EC%B8%A0%EB%A1%9C%EC%9D%B4
위키백과, 로버트 피츠로이

https://www.hani.co.kr/arti/science/technology/981234.html
한겨레, 인공지능 vs 농부…딸기 재배 대결 누가 이겼을까

https://www.ebn.co.kr/news/view/895669
EBN 산업경제신문, 구글 아트 앤 컬쳐, '우리는 문화를 입는다' 프로젝트 진행

〈이터널스〉, 2021년, 미국, 클로이 자오 감독

참고 문헌

《드림소사이어티 - 꿈과 감성을 파는 사회》, 롤프 옌센 지음, 2000년, 한국능률협회

《플랫폼, 시장의 지배자》, 류한석 지음, 2016년, ㈜대성 Korea.com

《디지털 트랜스포메이션을 위한 비즈니스 모델링》, 윤기영·김숙경·박가람 지음, 2019년, 박영사

《도시 이후의 도시》, 신현규·이광재 지음, 2018년, 매일경제 신문사

《메타버스 - 디지털 지구, 뜨는 것들의 세상》, 김상균 지음, 2020년, 플랜비디자인

《미디어의 이해 - 인간의 확장》, 마샬 맥루한 지음, 2011년, 커뮤니케이션북스

《생각하지 않는 사람들 - 인터넷이 우리의 뇌 구조를 바꾸고 있다》, 니콜라스 카 지음, 2015년, 청림출판

《사진의 철학을 위하여》, 빌렘 플루서 지음, 2014년, 커뮤니케이션북스

《마그리트와 시뮬라크르》, 박정자 지음, 2011년, 도서출판 기파랑

《픽사 이야기》, 데이비드 A. 프라이스 지음, 2010년, 흐름출판

《영화 이미지학》, 김호영 지음, 2014년, 문학동네

《방송과 미디어》, 제24권 3호 '5G 서비스 구현 기술의 이해', 김학용, 2019년

《수업설계를 위한 학습심리학》, Marcy Driscoll 지음, 2002년, 교육과학사

《교수설계·공학의 최신 경향과 쟁점》, Robert A. Reiser, John V. Dempsey 지음, 2007년, 아카데미프레스

《학습환경 설계의 이론적 기반》, David H. Jonassen, Susan M. Land 지음, 2014년, ㈜학지사

《4차 산업혁명과 미래 직업(사라질 직업, 살아남을 직업, 생겨날 직업)》, 이종호 지음, 2017년, 북카라반

《4차 산업혁명 시대, 전문직의 미래》, 리처드 서스킨드·대니얼 서스킨드 지음, 2016년, 와이즈베리